JN440650

LED 패키지와 방열

황명근 · 조현민 · 노재엽 공저

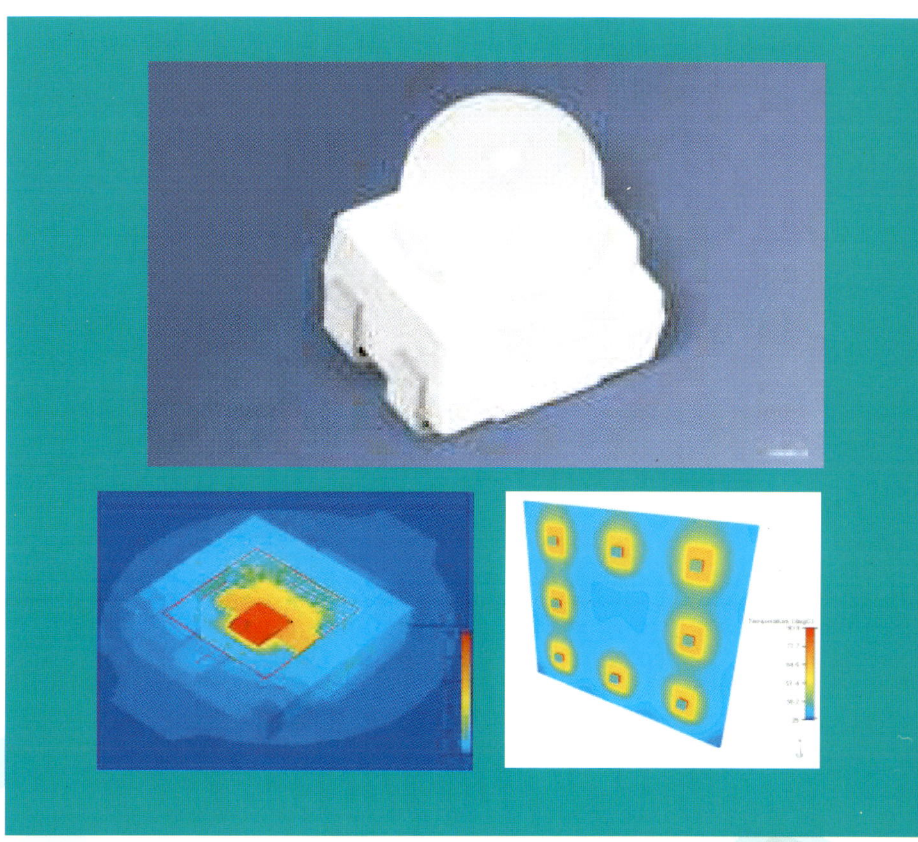

"내가 가는 길을 그가 아시나니 그가 나를 단련하신 후에는 내가 순금 같이 되어 나오리라 (욥23 : 10)"

머리말

조명은 인간이 삶을 영위해 나아가는데 있어서 반드시 필요한 도구로서 그 시대의 기술 수준과 시대적 요구에 따라 큰 발전을 해 왔습니다. 과거 등화시대에 단순히 불을 밝히는 것에서부터 현재의 인간이 건강하고 쾌적한 삶, 아름다움을 창조하는 수단으로까지 또는 고효율 및 친환경적인 요구까지 조명에 대한 시대적 요구는 다양하고 광범위하게 변화하고 있으며 이를 충족시킬 수 있는 새로운 융·복합 IT-조명기술과 신광원에 대한 관심도 크게 높아지고 있습니다.

최근의 에너지절약과 환경문제에 대한 이슈가 크게 대두되면서 LED조명을 중심으로 한 새로운 광원(LED, OLED 등)의 기술수요가 증가될 것으로 예상되고 있고 각 기업에서는 LED조명에 대한 기술경쟁력 향상을 위한 융·복합 학문에 대한 전문 기술 인력을 필요로 하고 있습니다.

세계적으로 국가와 기업의 핵심 경쟁의 원천이 量 위주의 인력(Man Power)에서 質 위주의 인력(Human Resource)으로 그 중요성이 전환되고 있는 시점입니다. 우리는 기존 조명산업의 경쟁력을 유지하면서 새로운 LED기술의 빠른 변화에 대응하여 LED조명기술을 발전시켜야 할 것입니다. 이를 위해서는 그 기술의 주체가 되는 기술 인력에 대한 전문화가 우선적으로 이루어져야 하며 이를 위한 다양한 전문 교육과정의 개발과 제반시설 등의 교육 인프라 확충이 필요로 합니다.

이 책은 「LED 패키지와 방열」의 관련 부품·소재 및 근래 이슈화되고 있는 방열기술에 대한 전반적인 내용을 다루었으며 LED에 관심을 갖고 있는 초급자가 쉽게 이해할 수 있는 수준으로 다루었습니다. 이 책이 광/조명산업계의 실무자 및 공학도들의 활용으로 조명산업발전을 기대해 봅니다.

2010년 7월

한국조명연구원 차세대 LED조명기술인력양성센터

저자 황 명 근

목 차

제1장

LED 패키지의 구조와 구성부품 재료

제1절 LED 패키지의 구조

LED패키지의 구조에는 포탄 형이나 표면 실장 형 (SMD)등이 있다. 포탄 형 LED 패키지는 리드프레임과 일체화한 컵 안에 LED칩이 실장 되어서 그 주변을 에폭시수지로서 포탄 형으로 몰드 하였다. 3mm나 5mm의 사이즈가 주류로 리드프레임은 철이나 동합금제로 은도금되어 있다. 에폭시수지는 칩을 외부로부터 보호하는 동시에 LED칩과 공기의 중간의 굴절률을 이용하여 칩으로 부터의 빛을 효과적으로 추려낸다.

백색LED의 경우는 리드프레임의 컵 안에 형광체를 분산시킨 수지를 봉입하여 그 주위를 포탄 형으로 에폭시수지로 몰드 한다.

표면 실장 형LED패키지는 여러 가지 형상이 있는데 세라믹이나 수지 등으로 성형한 캐비티의 안에 LED칩을 실장하고, 캐비티에 에폭시나 실리콘 등의 수지를 봉입한다. 캐비티 안쪽의 면은 리플렉터(반사판)의 기능을 갖는 테이퍼 형으로 위 방향으로 넓혀서 지향성을 높이는 타입이 많다.

백색 LED의 경우는 이 봉입수지에 형광체를 분산시킨다.

출입전력전극(애노드, 캐소드)나 칩 탑재전극은 수지기반의 경우에는 동합금으로 금도금이나 은도금을 해서 세라믹기판의 경우에는 텅스텐이나 몰리브딘에 금도금이나 은도금을 한다.

표면실장현의 LED에서는 에폭시나 실리콘수지 또는 유리 등으로 된 렌즈를 붙이는 것으로 훨씬 지향성을 높인 타입이나, 표면에 동 등의 히트싱크(heat sink)를 붙여서 방열 성을 높이고 대 전류 투입을 가능하게 한 타입도 있다.

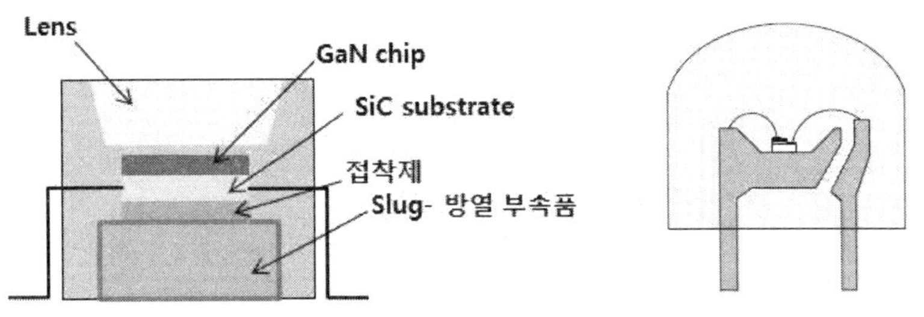

그림 1.1.1 SMD형과 포탄 형 LED 패키지의 구조

제2절 구성 부품의 재료

1. 칩 (LED소자)

우선, 대표적인 칩(LED소자)인 InGaN계 LED소자에 대해 설명하겠다. InGaN계 LED 소자는 자외광, 청색광, 녹색광의 폭넓은 빛을 발광한다. 또 백색LED용의 광원으로써도 이용되고 있다.

발광에 관련되는 반도체 층은 사파이어 기판 상에 n형 질화물 반도체 층$(n-GaN:Si)$와 발광 층 (InGaN)과 p형 질화물 반도체 층$(p-GaN:Mg)$로 형성되어 있다.

다음으로, 전기를 반도체 층에 흘리기 위한 전극은 p형 질화물반도체층 위에 투명 전극(Au/ Ni)과 p측 전극 팻으로 구성된 플러스 측 적극과 n형 질화물 반도체층 위에 n측 전극 팻을 배치한 마이너스 측 전극으로 구성되어 있다. 또 소자를 지키는 보호 층(Si02)가 좌표 면에 붙어있다.

시판되고 있는 InGaN계 LED소자는 밝게 빛나야 하므로, 훨씬 복잡한 구조를 하고 있으므로, 취급에는 충분한 주의가 필요하다.

보통, LED램프나 밀폐된 패키지로 시판되고 있으므로, LED칩(소자)을 직접 다루는 일은 없으리라고 생각된다.

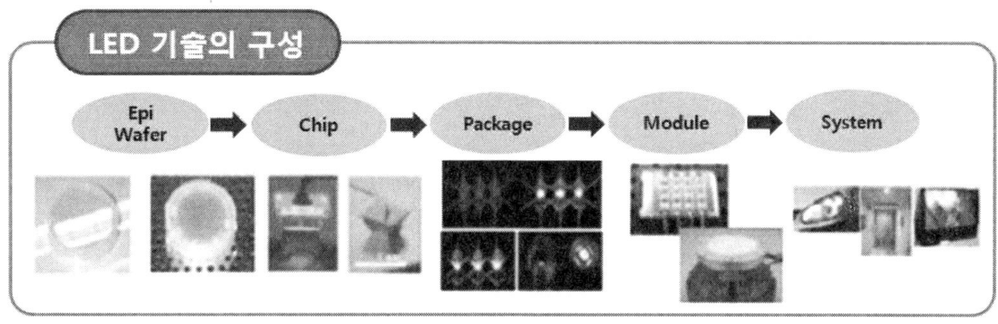

그림 1.2.1 단계별 분류에 의한 LED의 구성

2. 형광체

(1) LED용 형광체의 발광 메커니즘

1) 형광체란?

형광체는 전자선, X선, 자외선, 전계 등의 에너지를 흡수하고, 이 흡수한 에너지의 일부를 비교적 효율 좋게 가시광선으로 해서 방출(발광)하는 물질을 말한다.

LED용 형광체에서는 LED로부터 방출되는 청색광을 흡수하여 녹색·황색·적 색광을 발광하는 역할을 하고 있다. 형광체는 무기화합물로 크기가 1~수십㎛(1㎛ =0.001mm)의 분말입자이다. 형광체로서의 특질을 갖게 하기 위해서는 모체라고도 불리는 적당한 화합물 A의 안에 부활제(발광중심이라고도 말한다)라고 불리는 원소 B를 도입한 것이 일반적으로 이용되고 있다. 형광체를 기호로서 표시할 때에는 보통 모체 A와 부활제 B와의 사이에 콜론(colon)을 넣어서 A : B 라고 표기한다.

2) 발광스펙트럼과 여기스펙트럼

가시광은 파장이 대략 380mm에서 780mm($1nm = 10^{-9}mm$)의 전자파의 일종이다. 가시광선의 색은 380nm의 청자에서 시작해서 장파장이 됨에 따라 청, 청록, 녹, 주황, 적으로 변화하여 780nm의 짙은 적색에서 끝난다. 빛은 이와 같이 파의 성질을 가지고 있는데 30세기 초에 확립된 양자론에 의하면 광자(photon)이라고 불리는 빛의 입자의 성질도 갖고 있다. 빛의 파장을 λ라고 하면 광자의 에너지는,

$$E = \frac{hc}{\lambda}$$ (h: 프랭크 정수, c: 진공 중의 빛의 속도)

가 된다. 형광체의 발광현상은 이 광자의 개념을 이용해서 설명할 수 있다.

많은 물질에 광자가 조사되면 광자의 일부는 물질에 일단 흡수되어 보다 긴 파장의 광장 또는 열로써 방출된다. 분출하는 광자가 가시 광 영역에서 있고 방출효율이 비교적 높은 물질이 형광체라고 일컬어진다. 형광체는 발광스펙트럼과 여기스펙트럼에서 그 발광 특성의 개요를 알 수 있다. 발광 스펙트럼은 형광체에서의 발광을 분광기로 분광해서 각 파장마다의 발광 강도를 플롯 한 것으로, 여기스펙트럼은 어떤 파장의 빛을 형광체에 조사했을 때 형광체가 발광하는가를 플롯 한 것이다.

3) 배외좌표 모델

LED형광체의 발광 메커니즘은 배위좌표 모델로 일반적으로 설명된다. 그림의

세로축은 형광체 중의 원자의 에너지를 , 가로축은 형광체 결정 중의 부활제 원자와 옆에 붙어 있는 원자와의 거리를 상징하는 배위 좌표를 나타내고 있다.

청색 광자라 형광체에 흡수되면 형광체 안의 부활제 원자가 기저상태 곡선의 점 A에서 여기상태 곡선의 점 B로 수직 이동한다. 그 다음 주위로 에너지를 격자 진동 또는 열로써 방출하고 점 B에서 C로 이동한다. 이 점 C에서 기저상태 곡선 위의 점 D로 수직 이동하여 광자를 방출(발광)한다. 이 발광 광자의 에너지는 흡수 광자의 에너지 보다 작으므로 발광 파장은 흡수 파장의 청색보다 길어져서 녹·적색등의 발광이 나타내게 된다.

(2) 각각의 LED형광체의 특성(산화물, 질화물)

형광체는 앞서 말했듯이 형광체의 모체 A와 부활제 B로 구성 되어져 있다. 고효율의 형광체를 얻기 위해서는 적당한 형광체 모체 A의 탐색이 중요한데 어떤 물질이 양호한 형광체 모체가 될 수 있을지를 추측하는 것은 꽤 어려운 문제이다. LED용 형광체의 모체로는 산화물이 예전부터 알려져서 사용되고 있다. LED형광체의 모체로서 질화물이 주목되어 활발히 연구되고 있다. 부활제에는 유로비움(Eu), 세리움(Ce) 등의 희토류원소가 주목되고 있다. LED형광체의 개발은 그 역사가 시작된 지 얼마 되지 않지만, 현재까지 알려져 잇는 몇몇의 형광체에 대해서 아래와 같이 개략적으로 소개한다.

1) 산화물형광체

LED형광체로서 요즘 가장 많이 알려져 있는 형광체는 형광체 모체가 알루민산 잇트리움(YAG라고 함. Yttrium Aluminum Garnet의 약어. 화학식은 $Y_3Al_5O_{12}$)에 부활제로써 세리움(Ce)을 도입한 YAG:Ce형광체이다.

스펙트럼은 형광체의 발광 강도가 여기 파장에 의해 어떻게 변하는 가를 나타낸 것으로, 발광 스펙트럼은 460nm의 청색광을 조사했을 때의 발광을 나타낸 것이다. 약 560nm에서 발광 피크를 갖는 폭 넓은 황색계의 발광임을 알 수 있다. 이 발광 여기스펙트럼에서 YAG형광체가 460nm부근의 청색광 조사에 의해 효율적으로 황색 발광하는 것을 알 수 있다. 이 형광체는 모체의 Y의 일부를 다른 Gd, Tb 등으로 치환, Al 일부를 Ga 등으로 치환하여 모체 구조를 변경하는 것으로, 발광 피크 위치를 장파장 측 또는 단 파장 측으로 옮기를 것이 가능하다.

이 밖에 산화물형광체로서 규소 스트롬치움·바리움$(Sr,Ba)_2SiO_4$에 부활제로서 유로피움(Eu)를 도입한 $(Sr,Ba)_2SiO_4:Eu$형광체가 알려져 있다. 이 형광체계는 Sr과 Ba의 주성 비를 바꾸는 것으로 청색에서 오렌지색까지 발광색을 조정할 수 있다.

2) 질화물형광체

형광체의 역사는 길지만 실용적 형광체로서 질화물 및 산질화물이 등장하게 된 것은 극치 최근의 일로 특히 LED용 형광체로서 주목을 모으고 있다.

이 중에서 유망한 형광체로는 α^-사이아론형광체 Cap $(Si,Al)_{12}(O,N)_{16}:Eu$가 황색 발광형광체로서 알려져 있다. 적색형광체로서는 $CaAlsiN_4:Eu$를 들 수 있다. 그렇지만, 질화물 형광체는 형광체를 제조 할 때 핫 프레스 등의 고압 하에서의 처리 등, 일반 형광체와 같은 대기압에서의 합성 보다는 번잡한 공정을 필요로 하는 경우가 있어, 앞으로 제품실용화를 위해서는 보다 심플한 합성 방법의 개발이 요구 된다.

3. 수지 · 패키지기판 · 리플렉터

(1) 포탄 형 LED

포탄 형 LED 패키지는 리드 프레임과 일체화 형성한 컵 안의 LED칩이 실장 되어 그 주변을 에폭시수지로 포탄 형으로 몰드하고 있다.

리드 프레임은 철이나 동합금제로 은도금되어져 있다. 몰드수지는 투명타입의 비스페놀 A 그리시질에테르나 비스페놀 F 그리지실에테르 등의 에폭시 수지가 이용되어서, 고온에서의 열 변형 억제, 대후 성, 변색방지의 효과를 높이기 위한 지환식 에폭시가 첨가 되어져있다. 그러나 에폭시수지는 단파장광이나 고열에 약하고, 자외나 청색에서 발광하는 LED 또는 대 전류 투입형의 발광 량이 큰 LED에서의 구동 시간의 경과와 함께 열화가 진행하여 LED램프의 발광 효율이 저하한다.

(2) 표면 실장형 LED

포면 실장 형 LED 패키지의 봉입 수지에는 에폭시수지도 이용되지만, 용도에 따라서 대자외선, 내열성을 갖는 실리콘수지가 이용된다. 패키지기판 · 리플렉터 재료에는 수지나 세라믹, 금속이 이용된다.

1) 수지의 기판 · 리플렉터 재료

기판 · 리플렉터 재료에 이용되는 수지는 기계적 강도가 강하고, 대열성이 있는 폴리카보네트(PC), 비스말레이미드트리아진(BT)레진, 액정 폴리마(LPC) 등이 있다. 특히 LED용에서는 이들 수지를 백색화해서 반사율을 높이고 있다. 또 액정 폴리머는 성형이 쉽고 복잡한 형상으로 가공할 수 잇다는 장점을 갖고 있다. 입출력 전극이나 칩 탑재전극은 동합금에 금도금이나 은도금이 되어져 있다. 그러나 이들 수지재료는 에폭시수지와 마찬가지로 단파장광에서 열화가 일어난다.

2) 세라믹의 기판 · 리플랙터 재료

일반 조명용도에서는 백색LED램프에 대해서도 기존의 형광램프나 백열전구와 같은 정도의 발광강도가 요구된다. 그러나 LED램프를 보다 밝게 발광시키려면 LED소자가 발열하므로, 열에 의해 발광효율이 내려가지 않도록 구조상의 연구를 해야 한다.

한편, 밝기와는 별도로 태양광과 같은 자연스러운 백색광, 즉 황색성이 높은 백색광의 요구도 높아지고 있다. 하나의 방법으로, 최근에는 보라색LED($\lambda \leq 410nm$)의 발광을 이용하여 형광램프와 같이 3원색(적색, 녹색, 청색)의 형광체를 이용한 백색광인 기술이 주목받고 있다. 이 방법은 LED로부터 발광되는 빛의 파장의 일부가 수지를 열화 시켜 버리는 경우가 있으므로 장기간의 성능유지가 어려운건 아닌가하는 우려도 있다.

세라믹 재료는 이들 문제를 해결하는 재료로서 기대되고 있다.

세라믹 재료는 LED소자를 탑재하는 기판에 사용된다. 세라믹 재료는 방열특성이 비교적 좋고, 빛에 의한 열화가 거의 없다고 하는 장점을 가지고 있다. 또, 절연성이 높은 재료로 이 특성을 활용하여 세라믹 다층기판이라고 불리는 적층 내부에 배선이 되어 잇는 세라믹 기판도 LED용으로 제품화 되고 있다. 세라믹 기판은 소자 효율이 높다고 말해지고 있는 [플립칩]타입이나 [대형소자]를 탑재한 LED램프에의 이용이 확대되고 있다.

그 밖에 세라믹 재료는 반사율의 파장 의존이 적고 LED소자로부터 발광된 빛(파장 특성)을 흐트러뜨리는 것이 적기 때문에 빛이 안정하고 불규칙해지는 것을 억제하는 것이 기대되고 있다.

제3절 LED의 결정 성장

1. LED (발광 다이오드) 동작 층의 성장방법

반도체결정이 LED로서 기능하기에는 적어도 단결정기판 (Epi기판) 위에 단결정의 n층 반도체 층, 발광 층, p층 반도체 층이 적층된 LED동작 층이 필요하다. 동작 층은, [에피타키셜 결정성장법]이라고 불리는 "단결정기판위에 반도체단결정을 성장시키는 방법"으로 제작된다.

에피타키셜 결정성장법에는 크게 나눠서 LPE법, VPE법, OMVPE법, MBE법의 4종류가 있다. 각각, 성장 가능한 결정재료, 성막속도, 잔류불순물, 제어성 등에 좋고 나쁜 점들이 있어서 요구되는 LED특성에 응하여 선택된다.

여기서 LED의 발광특성, 전기특성은,

① 단결정기판의 품질,

② 결정 성장 재료의 순도,

③ LED 동작 층의 결정품질,

④ 전자와 고정의 재결합 확률을 높이는 LED동작 층의 적층구조,

⑤ 전원배선에서 LED 동작 층에 전자와 공정을 효율 좋게 주입하는 전극 구조,

⑥ 발광한 빛을 소자 외부에 빼어내는 구조,

등으로 결정되는데, 이중에서 ②~④항은 LED 동작 층을 성장시키는 에피타키셜 결정 성장 법에 크게 의존하고 있다.

아래에 대표적인 에피타키셜 결정성장방법에 대해 성막원리를 간단히 설명하겠다. 또, 자세한 원리 및 장치해설 등은 전문서적에 맡기고, 여기서는 이미지를 중시한 설명에 중점을 두겠다.

(1) LPE법 (액상성장법 : Liquid Phase Epitaxy)

LPE법은 액체재료에서 결정(고체)을 성장 시키는 방법이다. 우리 주변에서 [소금의 결정을 만드는]방법과 마찬가지다. 물을 가열해서 소금을 녹이고, 종(씨)이 되는 소금 덩어리를 실에 매달아서 삭히면서 하룻밤 방치하면 큰 소금 결정이 얻어 지는데, 이와 마찬가지로 수백℃ 이상의 고온에서 액체가 된 금속에 결정재료를 녹여서, 종(씨)이 되는 기판을 넣어서 수 십℃ 냉각시키면, 기판 상에 결정이 성장한다.

LPE법의 하나인 서냉법을 AlGaAs(알루미늄-갈륨비소)결정 성장의 예로 설명한다. 금속 Ga(갈륨 : Gallium)을 700℃ 전후로 가열해서 액체로 만든 후, 거기에 금속 Al(알루미늄)과 As(비소)를 넣어서 녹인다. 그 후에 GaAs(갈륨비소)기판을 넣어서 천천히 수 십℃ 냉각시키면, GaAs 기판 상에 AlGaA 결정이 성장한다. LED 동작층을 얻기 위해서는 Te(텔루르)를 아주 약간 가한 n형 반도체 층을 성장시킨 후, Zn(아연)을 아주 약간 가한 p형 반도체를 성장시키면 pn 접합 형 LED가 얻어진다.

이 방법은, 액상 - 고상의 화학평형을 이용한 결정성장법으로 고품질의 반도체 결정이 얻어진다. 또 성막 속도가 빨라서 후막성장을 특기로 하고 있다. 주로 적색 LED로 되는 AlGaAs결정 성장에 이용된다.

(2) VPE법 (기상성장법 :Vapor Phase Epitaxy)

VPE법은 고온에서 기체상의 염화물가스로부터 결정(고체)을 성장시키는 방법이다. LED를 구성하는 금속재료는 고온에서 HCl(염화수소)가스와 반응하여 기체상의 염화물가스를 생성한다. VPE법은 고운부에서 생성한 염화물가스와 비금속 재료의 수소화물가스를 저온부에 둔 기판 상에서 반응 시켜서, 반도체 결정을 얻는 방법이다. 특히 비금속 재료에 수소화물 가스를 이용하는 VPE법을 하이드리드 기상 성장법(H-VPE법 : Hydrid Vapor Phase Epitaxy)라고 한다.

H-VPE법을, GaAsP(갈륨비소인) 결정 성장을 예로 설명하겠다(그림 1.6-3). 우선 온도 800℃ 전후의 환경에서 용해한 Ga(갈륨)에 HCI(염화수소)가스를 뿜어서 GaCl(염화갈륨) 가스를 생성시킨다. 다음에, 생성시킨 Gacl가스와 수소 화물가스인 AsH3(아르신), PH3(호스핀)을 GaAs(갈륨비소)기판 상에 분무한다. 그러면 700℃ 전후의 저온부에 놓인 GaAs 기판 상에서 공급된 GaCl가스와 AsH3와 PH3가반응하여 HCI 가스를 유리하면서 GaAsPrufwjd을 생성한다. 이 방법은 성막속도가 빠르고 후막성장을 특기로 하고 있다. 주로 GaAsP 결정성장에 이용되는데, 근년에는 암바LED의 GaP창층의 성장이나 GaN단결정 기판성장에 이용되고 있다.

(3) OMVPE법 (유기금속기상성장법 : Organo Metallic Vapor Phase Epitaxy)

OMVPE법이란 유기금속화합물 증기로부터 결정(고체)을 성장시키는 방법이다. (MOVCD법, MOVPE법이라고도 한다) LED를 구성하는 금속에 메틸기(-CH3)를 붙이면 상온에서 높은 증기압을 갖는 액체 또는 고체의 유기금속 재료가 얻어진다. OMVPE법은 이 유기금속재료 증기와 수소화물가스를 가열한 기판 상에 분무하여 열 분해시켜서 반도체 결정을 얻는 방법이다.

OMVPE법(유기금속기상성장법)을 InGaN결정성장의 예로 설명하겠다. 우선, 액체 TMGa(트리메틸갈륨)과 고체 TMIn(트리메틸인지움)로부터 재료증기를 추출한다.

다음에 NH3(암모니아)가스와 혼합해서 800℃ 전후로 가열한 사파이어 기판 상에 분무하면, 재료 가스는 기판위에서 열분해반응을 일으켜서 메탄가스 등을 유리하면서 InGaN결정을 생성한다.

이 방법은 다른 방법과 비교해서 결정 성장의 파라메타인 온도, 압력, 재료 가스 공급량 등을 광범위하게 조작 가능한 점, 재료의 고 순도화가 진행된 점, 또 박막 결정성장을 특기로 한다는 등으로부터 다채로운 적층구조가 가능하여 현재는 연구 용도에서 산업 용도까지 널리 이용되는 결정성장방법이다.

(4) MBE법 (분자 선성장법 : Molecular Beam Epitaxy)

MBE법은 진공 중에서 증발시킨 분자 상 재료에서 결정(고체)을 성장시키는 방법이다. 우주 공간보다 높은 진공에서 재료를 가열 증발시켜서 증발분자의 비산방향을 일치시킨 제트 류(분자선)를 가열한 기판 상에 조사하여 결정 성장시키는 방법이다. MAE법(분자 선성장법)을 Alpacas결정성장의 예로 설명하겠다. 결정재료인 Da(갈륨), Ap(알루미늄), As(비소)를 크누센셀(K-Cell)이라고 불리는 통형으로 끝부분에 핀 홀이 뚫린 재료용기에 충전한다. 다음에 자료용기를 가열하여 재료를 증발시켜서 핀 홀로부터 제트로(분자선)를 GaAs기판 위에 조사한다. 기판에 도달한 Ga, Al, As4분자는 600℃정도로 가열된 기판위에 부착 · 결합하여 AlGaAs결정을 생성한다.

이 방법은 비평형계이면서 화학반응과정을 거치지 않는 방법이므로, 결정성장의 메카니즘 해석이나 초박막성장이 특기로 연구용도에서는 널리 이용되고 있다.

2. 성장용 기판

2-1. 기판의 종류

반도체 공정에 의하여 기판(wafer) 위에 반도체가 성장되는데, 이 기판의 구조가 성장 가능한 반도체의 종류 및 구조를 결정한다. 따라서 기판은 반도체의 성장을 결정하는 기반이 되며, 따라서 격자 상수 등 성장하고자 하는 반도체의 성질에 적합한 구조를 가진 것을 선택한다. 일반적으로 알려진 실리콘 반도체 성장을 위해서는 실리콘 기판이 사용되지만 화합물 반도체인 LED 성장을 위해서는 다른 종류의 기판들이 사용된다.

일반적으로 상용화된 LED 기판은 사파이어(Al_2O_3)나 SiC 기판이며 LED 칩은 이들 기판 위에서 에피 성장하여 제작이 되나, 광 효율 향상 및 고출력에 따른 특성

확보를 위해 새로운 기판을 사용하여 이들 기판 위에서 에피 성장하는 방법이 연구 개발 중이다. 이러한 새로운 기판은 사파이어 및 SiC 기판에서 LED를 성장하는 현존하는 주요 선진업체인 니치아, Cree, 도요타고세이 등의 핵심 특허를 피할 수 있는 해결책이 될 수 있어 연구를 진행 중이다. 먼저 실제 LED 칩 제작에 대표적인 LED 재료인 GaN을 기준으로 각 기판 재료의 격자 불일치 정도와 열팽창 계수의 관계를 살펴보면 그림 1.3.1과 같다. 기존에 사용되고 있는 사파이어 기판이나 SiC 기판들을 대체하기 위해 새로운 기판들이 연구되어 왔는데, 기판들의 종류와 중요한 특성을 살펴보면 다음과 같다.

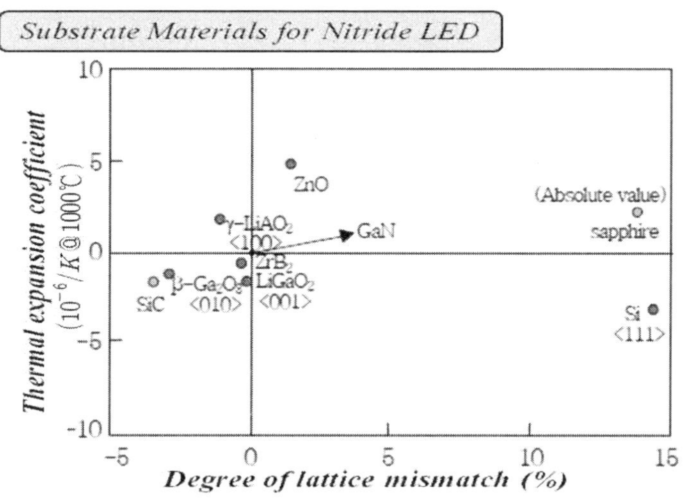

그림 1.3.1 기판 재료의 격자 불일치 정도와 열 평창 계수.

(1) 사파이어 기판

사파이어는 그림 1.3.1에서 보는 바와 같이 격자 부정합이 크고 전기 부도체이며 열전도율이 낮고 dicing비용이 높으나, GaN와 마찬가지로 육방정 구조를 가지며 (0001)면의 결정학적 구조가 서로 유사하다. 사파이어는 융점이 2050℃ 정도로 매우 높아 GaN과 같이 고온 증착해야 하는 박막의 기판으로 적합하고, 산이나 알칼

리에 쉽게 부식되지 않으므로 각종 습식 식각(wet etching)에도 잘 견디며 가격이 상대적으로 저렴한 장점을 가지고 있다. 하지만 GaN과 격자 부정합이 매우 크기 때문에 사파이어를 기판으로 하여 GaN 박막을 성장하면 계면에서 격자 불일치로 발생하는 변위(dislocation)가 GaN 박막 내부로 전파되어 LED 제조 시 소자 특성을 저하시키는 결정적인 결함으로 작용한다. 지금은 LED의 효율이 상대적으로 높지 않아 사파이어 기판을 사용할 수 있지만 향후 고효율의 LED를 제조할 때도 사파이어 기판이 계속 적합할지는 현재로서는 미지수다.

1) 사파이어 기판이 많이 사용되는 이유

적색 · 황색LED는 GaAs 기판 상에서 이른 시기부터 제품으로 되었었지만, 청색은 좀처럼 그리되지 못하였다. 청색을 만드는 데는 GaN계 반도체를 사용하는 것이 생각되어졌는데, 1000℃ 가까운 고온에서 막을 만들 필요가 잇고, 또 부식성이 강한 가스 환경에서 만들지 않으면 안 된다. 이 조건을 만족하는 투명 기판으로 우리 주변에 있는 것이 사파이어였다. 당초, 사파이어와 GaN의 격자 정수(결정간의 거리)에 약 14%의 차가 있어서 CaN반도체를 사파이어 기판의 위에 만들 수 없다고 생각했다. 그러나 연구자의 훌륭한 노력에 의해 그 장벽을 넘어서 상당히 우리와 가까운 청색LED가 완성되었다.

2) 사파이서는 어떤 재료인가

세라믹스라고 불리어지는 우리 주변의 백색의 재료가 다결정 알루미나인데, 그 단결정이 바로 사파이어이다. (단결정 알루미나 = 사파이어)

사파이어는 루비와 함께 코란 담 계에 속하는 광물로, 적색의 루비 이외에는 모두 사파이어라고 불린다. 어원은 sapphirus(라틴어), sappheiros(그리스어)로 청을 의미한다.

표 1.3.1 사파이어의 특성

<table>
<tr><th colspan="2">물리적 성질</th><th colspan="2">전기적 특성</th></tr>
<tr><td>결정계</td><td>육방정계
$a = 4.763$ Å
$c = 13.003$ Å</td><td rowspan="2">전기저항</td><td rowspan="2">$1 \times 10^{14} \Omega m$ (상온)
$1 \times 10^{9} \Omega m$ (500℃)</td></tr>
<tr><td>밀도</td><td>$3.97 \times 10^{3} kg/m$</td></tr>
<tr><td>인장강도</td><td>2250 MPa</td><td rowspan="2">유전율</td><td rowspan="2">11.5 (C축에 평행)
($10^{3} 10^{10} Hz$ · 25℃)
0.3 (C축에 수직)
($10^{3} \sim 10^{10} Hz$ · 25℃)</td></tr>
<tr><td colspan="2">열적 성질</td></tr>
<tr><td>열팽창계수</td><td>$5.3 \times 10^{-6}/K$(C축에 평행)
$4.5 \times 10^{-6}/K$(C축에 평행)</td><td>절연대력</td><td>$4.8 \times 13 kV/m$ ($60 Hz$)</td></tr>
<tr><td>열전도율</td><td>$42 W/m \cdot K$(25℃)</td><td colspan="2">광학적 성질</td></tr>
<tr><td>비열</td><td>$0.75 kJ/kg \cdot K$(25℃)</td><td>굴절률</td><td>No = 1.768
Ne = 1.760</td></tr>
</table>

3) 사파이어의 장점

사파이어의 자료특성의 장점은 다음과 같다(표 1.3.1).

- 고대열성(융점 2,053℃)
- 뛰어난 대약 성
- 넓은 광 투과대역 (파장 0.2~5.0㎛), (가시 광에서 0.37~0.8㎛)
- 높은 절연성
- 높은 기계강도 (690MPa)

사파이어기판은 C면, A면, R면, M면의 절단이 가능하여 디바이스의 용도에 맞춰서 폭넓게 이용되고 있다. 기판 사이즈는 C면이 ϕ4인치까지, A면 · R면에서 ϕ 8인치까지의 제조가 가능하다. InGaN-LED용에는 C면이 가장 많이 이용되고 있는데 연구 · 개발의 진전에 의해, 토대가 되는 사파이어 기판의 절단면 방위에 의해, 새로운 장점을 갖는 디바이스를 얻을 수 있다.

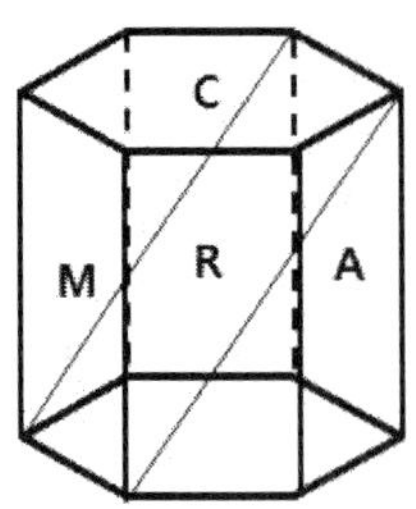

그림 1.3.2 사파이어의 결정 구조

(2) SiC 기판

SiC는 GaN과 격자 부정합도 비교적 적고 열 특성이 우수해 GaN 박막을 성장하는 기판으로도 사용되고 있다. 하지만 SiC 기판은 사파이어 기판 대비 10배 정도의 고가이고, 근자외선 영역인 411nm 근처에서 광 손실이 존재하며 기판의 굴절률이 낮아 광 추출 효율이 낮다. 게다 가 SiC는 간접 천이 형 반도체로 전자와 정공이 결합 할 때 다량의 열을 발생하여 LED 제조에는 부적합하다고 알려져 있으나, 단결정 제조 기술이 GaN 및 ZnO등 다른 기판에 비해 워낙 앞서 있기 때문에 SiC를 기반으로 하는 LED 기술도 계속 연구될 전망 이다.

(3) GaN 기판

사파이어 기판이나 SiC 기판은 청색 계열의 LED 반도체 재료인 GaN 화합물 반도체와 격자 상수의 차이가 상당히 크다. 이러한 GaN 화합물 반도체와 사파이어나 SiC 기판과의 격자 상수 차이로 인한 결함을 해결하기 위해 같은 종류인 GaN 화합물로 제작된 기판이 GaN 기판이다. GaN 기판은 동일한 종류의 재료를 사용하기 때문에 격자 불일치 문제를 해결할 수 있어 저 결함 특성을 지닌 고품질 에피 성장이 가능하나, 그 가격이 매우 고가로 실제의 양산까지는 많은 시간이 필요하다. 실제 이렇게 격자 상수가 일치하는 GaN기판을 이용하여 2007년 마쓰시타는

당시 최고 수준인 청색 LED 개발을 발표한 바 있다. 비극성 GaN 기판은 위에서 언급한 격자 상수의 일치라는 큰 장점에도 불구하고 아직 자체적인 몇 가지의 문제점을 가지고 있다. 그 중 하나가 비극성 GaN 기판의 수급 문제인데, 통상적으로 m-GaN 기판은 (100) $LiAlO_2$(Lithium Aluminate) 상에서 성장된다. 그런데 이종 기판인 $LiAlO_2$가 매우 고가인데다 비극성 GaN 기판 자체가 매우 비싸지면서도 실제 크기는 아직 너무 작아 (Maximum ~5×10mm^2) 실험실에서 연구의 수준이며, 아직 상용화에는 문제가 있다. 이러한 고가의 문제를 해결하기 위해 기존의 사파이어 기판을 사용한 LED 공정과 유사하게 진행할 수 있는 r-plane 사파이어를 이용한 a-plane GaN 기판이 연구 개발 중이다. 하지만 이러한 방법은 r-plane 사파이어를 이용하기 때문에 결정학적 차이에 기인한 a-plane GaN의 성장의 문제점이 여전히 존재한다. 즉 Ga과 N-face의 성장 속도의 차이에 의한 V-pit 형성으로 비극성 a-plane GaN의 표면 facet이 형성되고, 비등방성 격자(lattice: ~16% [1-100]& ~1% [0001]) 및 열적 부정합(thermal : ~25% [1-100] & ~0.1% [0001])에 의한 비극성 a-plane의 결정에 결함이 발생한다.

(4) 무 분극 기판

통상적으로 에피 성장에 사용되는 것은 c-plane 사파이어 기판인데, 이 기판에서는 자발적인 압전(piezoelectric) 및 분극(polarization) 현상이 야기되며, 에너지 밴드를 휘게 만들고 양자 우물(quantum well)에서 전하의 분포를 분리시킨다. 이렇게 에너지 밴드가 휘어지고 양자 우물에서 전하의 분포가 분리되면서 발광의 적색편이 현상이 나타나고 전자(electron)와 정공(hole)의 재결합 효율이 낮아져 발광 효율이 낮아지고 높은 문턱 전류가 필요하게 된다. 이러한 문제점에 대해 사파이어 기판의 결정 방향을 고려한 무 분극(nonpolar) 기판이 해결의 가능성으로 제시되면서 연구개발이 진행 중이다. 무 분극 기판은 몇 가지의 장단점을 가지고 있는데, 먼저 무 분극 기판에서 성장된 LED는 극성의 소멸로 양자 효율이 증가하고 ~7×1018/cm^3 정도의고농도 p-GaN 도핑이 가능하게 한다. 뒤에서도 설명되겠지만 p-GaN 도핑은 LED 기술의 중요한 한 이슈인데, 특히 자외선 LED는 AlInGaN p-형 도핑이 매우 어려워 파장이 짧아질수록 효율이 떨어지나, 무 분극 기판에 의해 p-형 도핑이 용이해져 효율이 증가할 수 있다. 또한 무 분극 기판에 의한 LED는 편광 빔을 방출하여 LCD BLU에서 유효 빔이 40~70% 정도 증가하고 출력에 따른 파장 변화가 없으며, 두꺼운 양자 우물이 가능해 고출력 LED의 droop 현상 문제 해결에 유리한 가능성이 존재한다. 하지만 무 분극 기판을 사용한 에피 성장은 매우 어려운 3차원 표면 에피 성장이어서 거울 같은 평탄한 표면을 제어하기가 매우 어렵고, stacking fault가 생성되고 변위가 다량 발생하며 광학적 특성의 확보가 매우 까다로운 단점도 여전히 존재한다.

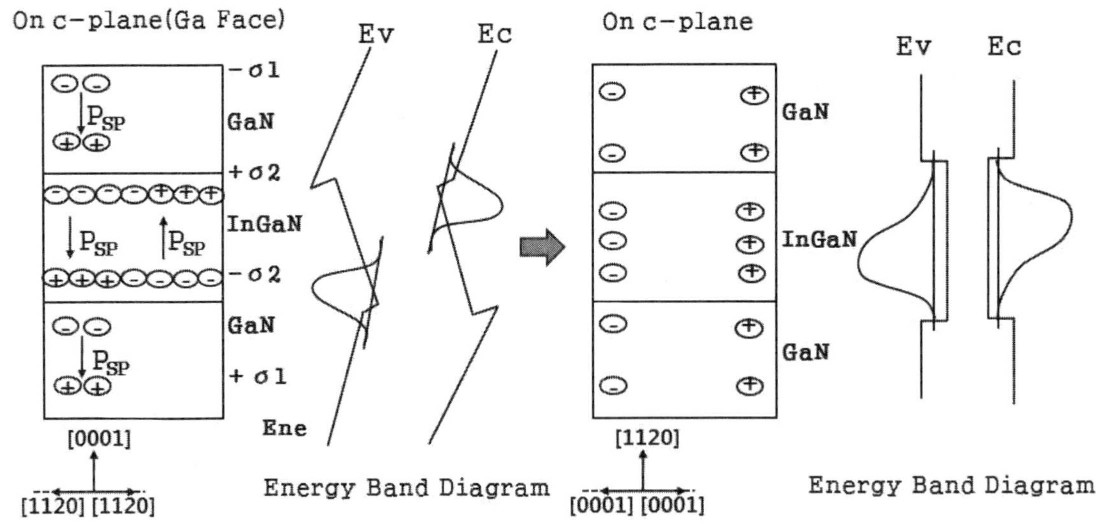

그림 1.3.3 압전 및 분극 현상과 에너지 밴드의 변화

(5) ZnO 기판

이 기판은 GaN와 격자 상수가 비슷하고, 결정 구조가 GaN 결정과 같은 우르자이트 구조(wurtzite structure)로 불리는 육각기둥 모양의 결정 구조를 가지기 있고 전기 전도성이 좋아서, 일본 업계를 중심으로 연구 개발 중이다. 시판되고 있는 청색 LED는 사파이어 기판 위에 성장시키는 GaN의 성장 면은 c-plane이라는 극성 면을 이용한다. 즉 c-plane의 법선 방향(c축 방향)을 성장 축으로 하고 있다. 극성 면을 이용하면 InN의 격자 상수가 GaN의 격자 상수보다 크기 때문에 압전 효과가 생기고, 발광 시에 압전 효과에 의해서 활성 층에 주입한 전자와 정공이 공간적으로 멀어져, 재결합하는 확률이 줄어들기 때문에 발광 효율이 저하된다. c-plane이라고 하는 극성면의 법선 방향의 면에 해당하는 m-plane이나 a-plane 같은 무극성면을 이용하면 활성 층에 생기는 압전 효과의 영향을 약하게 할 수 있다. ZnO 기판을 이용한 InGaN계 LED 소자는 청색만이 아니고, 녹색이나 적색, 적외선이라고 하는 파장의 긴 빛을 발하는 소자도 만들 수 있는 가능성도 있다. 일반적으로 발광 파장을 보다 장파장으로 만들기 위해서 In의 양을 늘리려고 하면, 거기에 따라 결정의 변형이 커져 압전 효과가 강해지거나 In와 Ga의 원자 반경이 다르기 때문에 상 분리 반응 등이 생겨 InN와 GaN가 서로 잘 섞이지 않아, 장파장을 발광하는 고효율 LED를 제작하는 것은 어렵다. 하지만 ZnO의 무극성 면을 이용함으로써 압전 효과를 억제할 수 있거나 저온 성장 등에 의해서 상 분리 반응을 억제하는 것이 가능하여, InGaN에 의한 녹색이나 적색, 적외선 LED의 제작이 실현될 가능성이 있다. ZnO 기판을 이용함으로써 결정 결함이 적은 고품질인 무극성 GaN 결정을 성장할 수 있지만 아직은 상용화하여 LED 소자의 생산까지는 도달하지 못했다. 이것은 ZnO가 GaN와 용이하게 반응하기 때문인데, 일반적인 제작 기법을 이용하여 1000℃에 도달하는 고온 하에서 GaN 결정을 성장시키면 ZnO와

GaN의 반응이 이루어져 화합물이 되어 높은 품질의 결정을 만드는 것이 매우 어려워지는 기술상의 난제가 아직 해결되지 못하였기 때문이다.

(6) 실리콘 기판

실리콘 반도체의 잘 확립된 공정과 대 면적 화된 기판 등의 장점을 살리기 위해 실리콘 기판 위에서 GaN 질화물 반도체 에피 성장을 하는 기술이 연구 되고 있으나 아직 상용화 되지는 못하고 있다. 격자 상수의 차이가 크고, 실리콘 기판 위에 GaN 반도체를 성장시킬 경우 2차원 성장 모드 보다는 3차원 성장 모드가 우선하여 평탄한 표면을 갖는 에피 성장이 어려운 본질적인 문제점이 있다. 버퍼층 등의 반도체 적층을 교대로 반복하여 두텁게 성장하면 평탄한 표면은 얻을 수 있으나 일정 두께 이상에서 과도한 Al 조성에 의한 스트레인 때문에 표면에 결함이 발생한다. 이러한 문제점을 해결하기 위해 성장 조건이나 구조 자체를 변경하기도 하고, 버퍼 층에 새로운 물질을 사용하는 성장 기술 등이 연구되고 있으나 본질적인 문제점이 아직 해결되지 못하고 있다.

3. 결정육성방법과 장점

기판결정을 얻는 데는 인고트라고 불리는 사파이어 단결정의 덩어리를 만든다. 다음으로, 그 덩어리로부터 기판의 원형을 절단해 내서 정형 · 연마해서 반도체용의 단결정 기판(웨이퍼)을 만든다. 결정 육성방법은 사파이어 인고트를 만드는 방법으로 주요한 방법은 아래의 4종류가 있다.

- EFG법 : 결정육성속도가 빠르다
- CZ법 (쵸크랄스키법) : Si에서 사용되는 끌어올림 법

- Kyropoulos법 : 별명[TSSG]로 불리며, 큰 인고트가 작성 가능하다
- HEM법 : 큰 인고트가 작성 가능하다

제4절 LED 램프의 제조 방법

앞항에서 말한 대로, 여러 가지 방법을 통하여 제조된 LED웨이퍼를 이 공정에서는 칩으로 하기 위해 임의의 사이즈로 분할한다.

1. LED패터닝 – LED전극형성 공정

우선, 일반적인 전극 형성은 ① 소자분리구의 형성, ② 투명전극 (p측 전극)의 형성, ③ 패드전극 (n측 전극과 p측 패드전극)의 형성, ④ 보호막의 형성 등의 프로세스를 거쳐서 패턴이 형성되어, 처음으로 LED의 웨이퍼가 만들어진다.

(1) 소자분리구의 형성

포트리소 기술에 의해, LED소자의 발광영역을 덮는 레지스트 마스크를 형성한다. 다음에 드라이 에칭에서 마스크로 덮이지 않은 부분의 상부 동작 층(p-GaN 및 발광층)과 하부 동작 층 (n-GaN)의 일부를 소거하여 소자 분리 구를 형성한다.

(2) 투명전극(p측 전극)의 형성

포트리소 기술에 의해 p측 형선 영역이 비어있는 레지스트 마스크를 형성한다. 다음으로 전극 재료를 증착한 후, 리프트 오프, 레지스트 소거하면 상부 동작 층(p-GaN) 위에 투명전극이 형성 된다.

(3) 패트 전극(n측 전극과 p측 패드의 전극)의 형성

포트리소 기술에 의해, n측 전극형성영역과 p측 패드 전극형성 영역이 비어있는 레지스트 마스크를 형성한다. 다음에 전극재료를 증착한 후, 리프트 오프, 레지스트 소거하면 패드 전극이 형성 된다.

(4) 보호박의 형성

기상 성막 법에 의한 보호막을 웨이퍼 전체에 형성한다. 다음에 포트리소 기술에 의해 n측 패드 전극형성영역과 p측 패드 전극형성영역이 비어있는 레지스트 마스크를 형성한다. 에칭에서 패드 전극 위의 보호막을 제거하고 마지막에 레지스트 소거하면 보호막형성이 종료한다.

2. LED 칩 화.

패턴이 형성된 LED웨이퍼는 그 패턴을 따라 분할해 간다. 적색 등의GaAs 등을 기판으로 하는 LED는 다이서(dicer) 등의 장치를 사용해서 칩 화해 간다. 청색 등의 사파이어를 기판으로 하는 LED의 경우 칩 화에 특수한 가공이 필요하기 때문에 이 공정을 자세히 설명하겠다.

칩은 LED 개별 소자를 말하는 것으로, 칩 제작은 에피 웨이퍼에 전극을 형성하고 절단하는 등의 공정을 통하여 발광할 수 있는 최소의 단위 칩으로 만드는 단계이다. 통상적으로 윗면인 p-형 반도체에 (+) 전극이 형성되고, 절연체 기판 위에 전극이 형성될 수 없어 건식 식각(drying etching) 방식으로 위에서 n-형 반도체 일부분까지 식각하여 전극을 형성하는데, 이러한 방식은 보통 수평 전류가 흘러 전류 밀집 효과로 발광 효율이 저하된다. 고출력 LED의 필요성에 따라 대 면적 칩이 제작되고 있으나 발열이나 광 효율 및 생산 저하의 문제가 아직 존재한다. 니치아는 작은 면적 칩을 적용하여 100lm/W LED를 2007년부터 양산하기 시작하였고, 루미레즈는 대 면적 칩을 적용하여 115lm/W LED 개발을 2007년 발표하기도 했다. 칩의 구조는 발광 효율을 극대화하는 방향으로 발전해 왔는데, 다음은 칩의 구조에 따른 종류 및 중요한 이슈들에 대하여 알아본다.

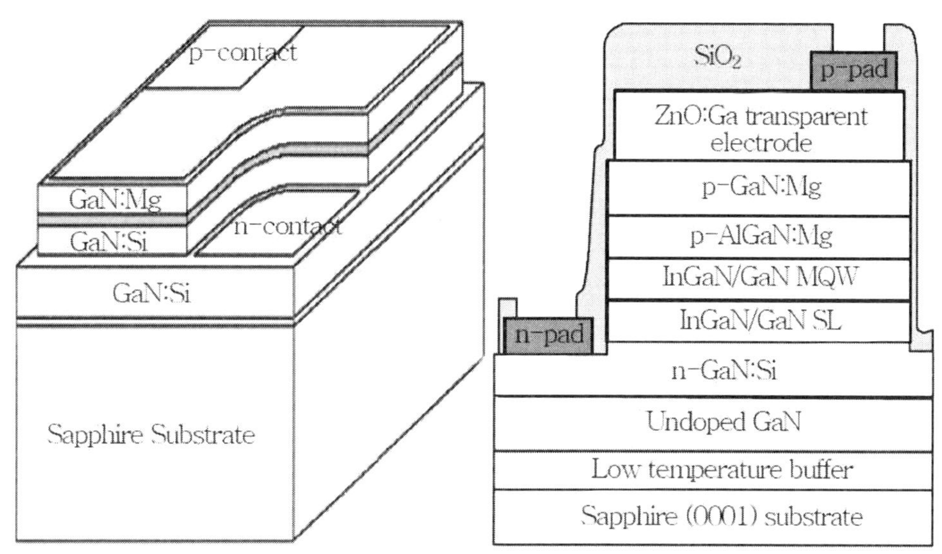

그림 1.4.1 칩의 구조 개요도

2-1. 칩의 종류

(1) 일반형

일반형 LED 칩의 구조는 빛을 발광하는 하나의 활성 층과 이를 둘러싼 두 개의 양쪽 클래딩 층으로 이루어진 기본 형태로 구성된다. 전극에 접한 클래딩 층은 각각 n-doping 되거나 p-doping 되어 있는데, 주로 기판과 접한 클래딩 층 부분이 n-doping 되어 있고 다른 클래딩 층 부분이 p-doping 되어 있다. 도핑 된 클래딩 층 극성에 맞게 전극을 통하여 전압을 인가하면 n-doping된 클래딩 층에서는 전자를, p-doping된 클래딩 층에서는 정공을 공급하여 전류가 흐르면서 이들 전자와 정공이 가운데 활성 층에서 결합하여 빛을 발광한다. 기판은 발광되는 빛의 파장에 따라 방출되는 빛의 일부를 반사하거나 투과하는데, 일반형 LED에서는 기판을 분리하지 않고 그대로 두며 반사판으로 활용한다.

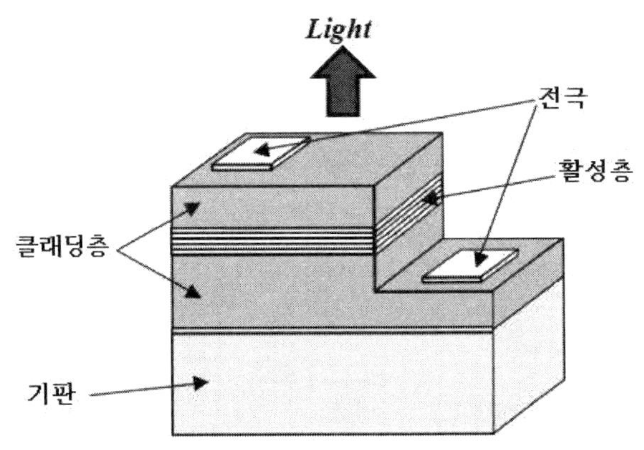

그림 1.4.2 일반형 LED 칩의 개요도

(2) 플립칩 형

플립칩 형 LED는 사실 일반형 LED를 거꾸로 뒤집어 실리콘 서브마운트 위에 stud bump를 통하여 고정한 형태로, 발광의 기본 구조면에서 보면 일반형 LED와 동일하다. 방열특성과 고출력 특성이 우수한 플립 칩 방식의 LED는 기판을 통하여 빛을 방출한다.

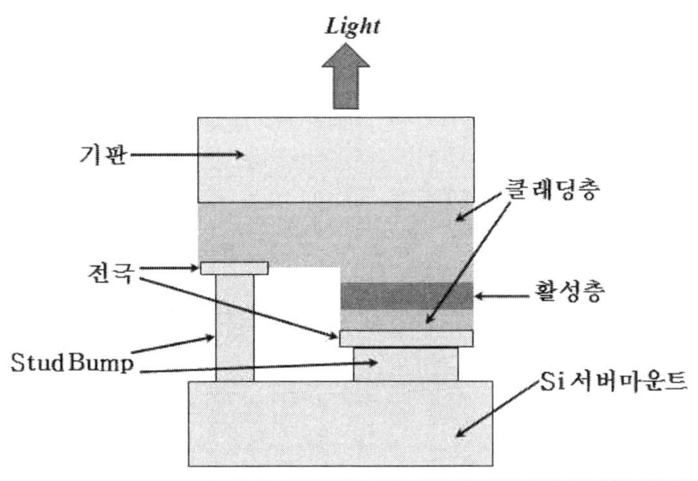

그림 1.4.3 플립칩 형 LED 칩의 개요도

(3) 수직 형

수직 형(thin GaN) LED도 일반형 LED와 같은 발광의 기본 구조에서 식각에 의해 적층된 일부분을 제거하지 않은 원래의 형태를 유지한다. 통상적으로 적층된 윗부분의 클래딩 층에 bonding/reflector와 receptor 기판을 차례로 부착한 후, 전극을 형성하고 반대편의 기판을 분리한다. 분리된 기판의 클래딩 층에 전극을 형성하면 수직 형 LED의 기본 구조가 완성된다. 수직 형 LED의 활성 층에서 발광된 빛은 아래 면의 반사판에서 수직으로 반사되어 윗부분으로 방출되며, 방열 특성과 고출력 특성이 우수하다.

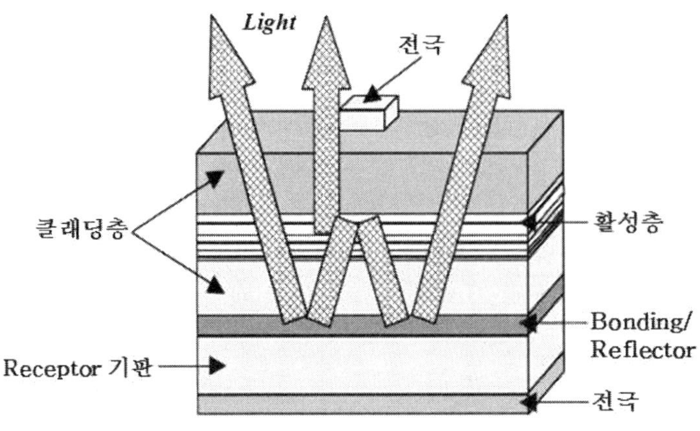

그림 1.4.4 수직 형 LED 칩의 개요도

이렇게 칩의 형태는 변화하여 표준적인 형태로부터 기판을 제거한 thin GaN 형태의 수직 형에 이르기까지 발달하여 발광 효율이 3배 정도 증가하였다.

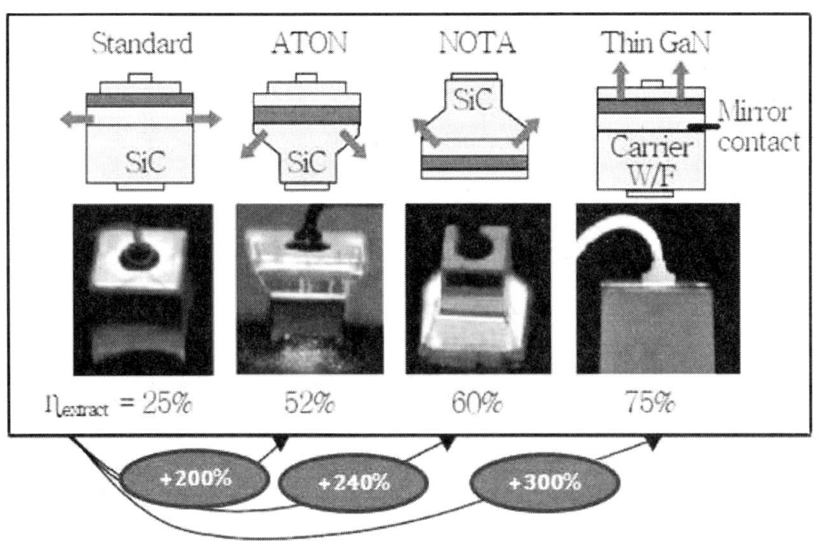

그림 1.4.5 SiC LED 칩의 구조 변화

2-2. Droop 현상

Droop 현상이란 보통의 LED 칩은 일반적으로 주입 전류 20mA 근처에서 최고의 발광 효율을 보이나 고출력 발광을 위해 전류 주입을 늘리면 LED칩의 외부 양자 효율이 감소하는 현상을 의미한다. 그림에서 보는 바와 같이 350mA에서 23% 정도의 droop, 1A 근처에서 50% 정도의 droop이 발생하며, 이 현상은 고출력의 조명용 LED 개발에 원천적인 장애 요소로 남아 있다. Droop의 원인은 과학적으로 아직 정확하게 규명된 것은 아니지만 추정되고 있는 3가지 정도의 원인과 현상적 설명, 그리고 개연성이 있다고 믿어지는 해결 방안들을 정리하면 〈표 1.4.1〉과 같다.

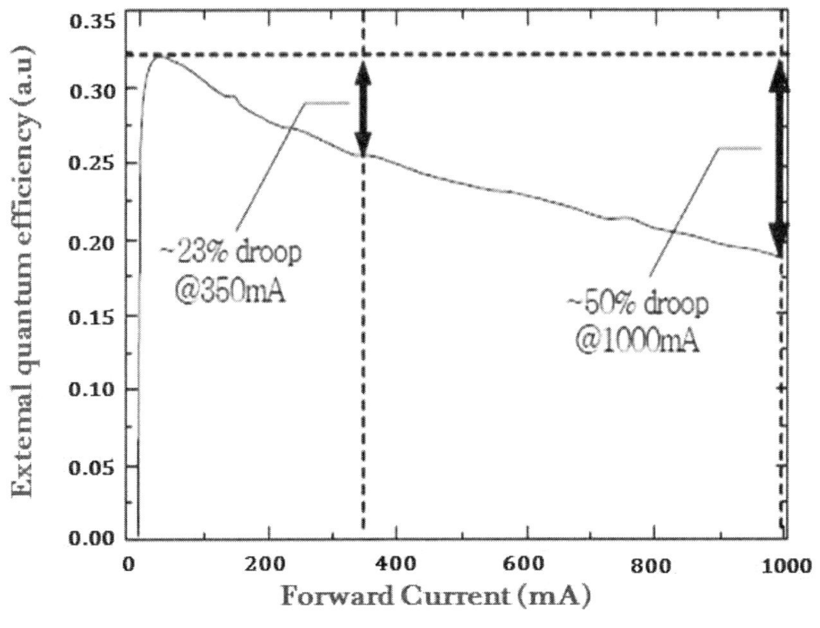

그림 1.4.6 Droop 현상-주입 전류에 대한 외부 양자 효율의 감소

표 1.4.1 Droop현상 정리

Droop의 원인	현상적 설명	해결 방안
Auger effect	- Auger recombination(전자 산란) - 활성 영역의 높은 전류 밀도	- Carrier density 감소 - Thick 양자 우물(DH structure) - 다중 양자우물 구조
Carrier injection or forward leakage	- n-side 다중 양자 우물 charge barrier의 polarization field가 p-side의 polarization field보다 더 높음 - Electron blocking layer를 통한 전자의 누설	- Folarization mismatch 감소-> Quatemary AlInGaN electron blocking layer 도입 - Overflow 감소 -> p-doping 및 electron blocking layer 강화 무분극(non-polar) 사용
Crystal defect	- High defect density of GaN electron tunneling between threading dislocations - Non radiative emission	- In localization 강화 - 결함 감소 - GaN substrate

2-3. 광 추출 기술

실제 LED 칩으로부터 발광할 때, LED 반도체 소재와 공기의 굴절률 차이로 인하여 활성 층 내부에서 발광된 빛이 일정 각도 이상이 되면 공기와의 경계면에서 내부로 전반사되어 외부로 발광이 되지 않는다. 광 추출(optical extraction) 기술은 이러한 내부로의 반사를 막아 외부로 탈출하게 하여 방출되는 빛의 양을 향상시키기 위한 기술이다. 그림 1.4.7은 활성 층에서 발광하는 빛이 공기와 반도체의 굴절률 상관 차이에 의하여 표면에서 탈출할 수 있는 관계를 나타낸 것인데, 광 추출 효율 면에서 보면 개략적으로 표면으로 방출되는 양이 약 8%, 기판에서의 손실이 약 20%, 칩 내부에서 가이드 되는 양이 약 72% 정도로 추정된다. 따라서 사파이어 기판을 제거하거나 LED 칩의 표면을 가공하여 빛을 탈출 시키면 많은 부분이 개선될 수가 있다. 광 추출 효율을 향상시키기 위해 다양한 기술들이 연구 개발 중인데, 최근에는 전도성 투명 전극이 사용되기도 한다. 이러한 전도성 투명 전극은 가시광의 투과율이 매우 높기 때문에 전극 자체에 의한 광 손실이 거의 없고 굴절률이 GaN

계 결정의 굴절률과 몰드 재료인 수지의 굴절률과의 중간 정도이기 때문에 추출 효율을 대폭 향상시킬 수 있다. 다음은 다양한 광 추출 효율 향상 기술들에 대하여 설명한다.

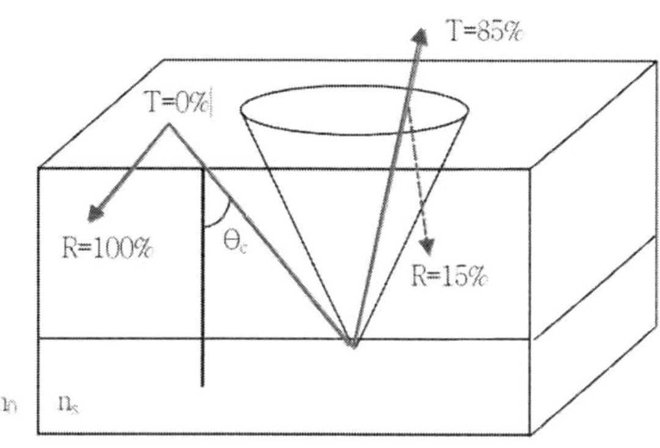

그림 1.4.7 LED 표면에서의 반사 관계를 나타내는 탈출 콘

(1) PSS 표면 가공 기술

PSS 표면 가공 기술은 사파이어 기판 표면에 일정한 형태의 형상과 깊이로 패터닝을 식각하여 사파이어 기판 쪽으로 진행하는 빛을 굴절률 차이에 의해 외부로 방출하는 방법이다. PSS 기술과 관련된 선행 특허는 일본의 미쯔비시, 마쓰시타, 샤프 및 미국의 에질런트사에서 일본, 대만, 한국, 유럽 특허를 세분화하여 보유하고 도요타고세이와 니치아는 원천기술을 보유하고 있지 않다.

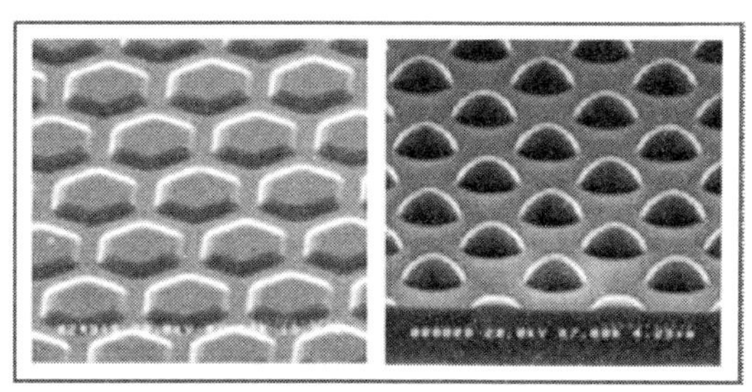

그림 1.4.8 PSS 표면 가공 모습

(2) p-GaN Roughness 성장 기술

p-GaN Roughness 성장 기술은 LED p-GaN 표면 쪽에서 반사되어 내 부로 재 반사되는 광 손실을 제거하여 외부로 빛을 방출시키는 기술이다. 대만은 PSS 기술 대신에 p-GaN 반도체 표면에 일정한 형상 및 깊이로 거칠기를 변화시키는 효율 향상 기술을 개발하였다. 대 면적/고출력, 청색/녹색 및 power LED 제품에 적용되고 있는 성장 기술이나, PSS 기술보다 5~10% 정도 효율이 낮고 니치아나 도요타고세이 같은 선진업체들이 적용하고 있다.

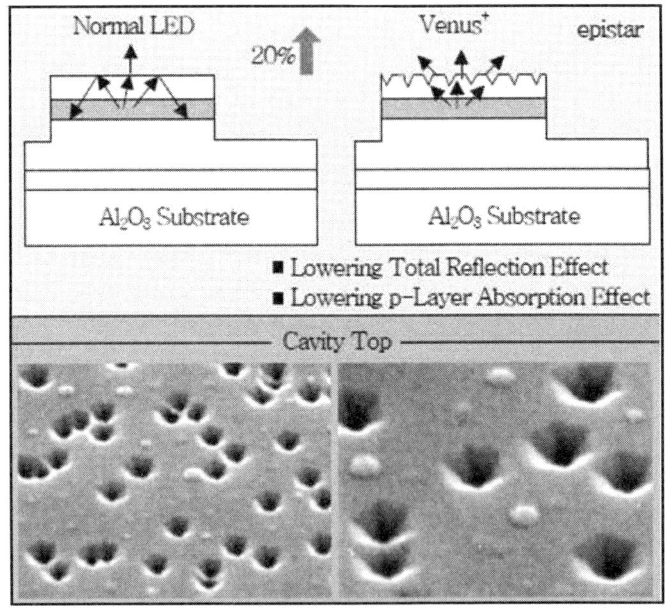

그림 1.4.9 p-GaN Roughness 성장 모습

(3) PBC 기술

PBC 기술은 p-GaN 표면에 photonic band gap이 있는 photonic crystal에 의해 광 추출 효율을 증가시키는 기술이다. 이 방법은 p-GaN 전극 접촉 부분으로 방

출되는 파장을 고려한 이론적 설계를 바탕으로 나노 형상의 주기적 패턴을 E-beam 노광과 ICP/RIE 식각 공정에 의하여 형성한다. 최대 광 추출은 패턴 깊이와 크기에 의해 결정되지만 전기적 특성까지 개선되는 것은 아니며, p-GaN 층의 낮은 전기 전도도에 의해 광 추출 효율 면에서는 일정 두께이상을 요구하지만 동작 전압 등과 같은 전기적 특성을 고려한 최적의 설계 조건이 필요하다. 청색LED 소자의 경우 광 추출 효율을 최대 30% 이상 증가시킬 수 있지만 현재 상용화가 이루어지지 않고 있으며, 향후 고 휘도/고출력 LED 성능 향상을 위해 기술 개발이 필요하다.

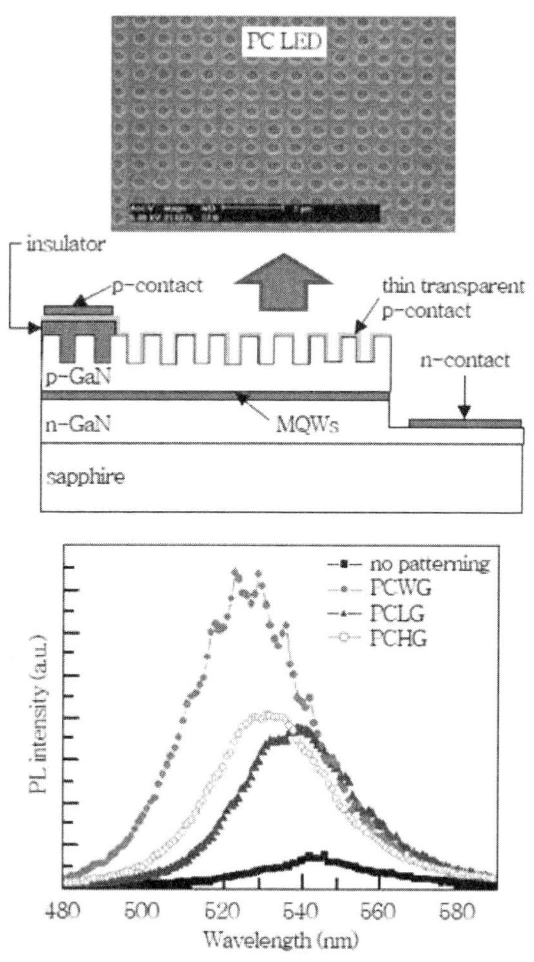

그림 1.4.10 PBC의 구조 및 발광 효율의 향상

(4) n-GaN Roughness 기술

니치아사는 PBC 기술을 변형한 형태로 n-GaN을 가공하는 기술을 개발하였는데, 메사 식각 시 기존의 평면 형태에서 일정한 형태를 갖는 원형을 주기적으로 반복 형성하여 광 손실을 억제한 제품을 출시하였다. n-GaN Roughness 표면 가공 기술은 휘도가 30~40% 향상되는 세계 최고의 기록을 가지고 있다. 이 기술은 수직형 구조의 LED에 사용할 수 있으며, 모발일용은 가능하지만 일반 크기의 칩에 사용하기에는 일정한 한계가 있다.

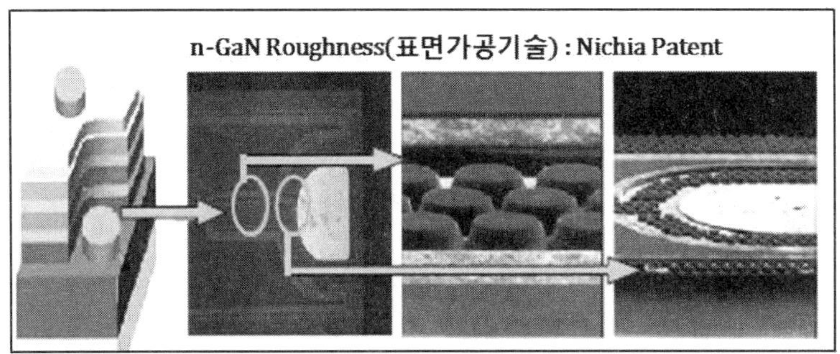

그림 1.4.11 n-GaN 표면 가공 모습

(5) PNS 기술

PNS 기술은 위에서 설명한 n-GaN 층에 일정한 형태를 갖는 원형을 주기적으로 반복 형성하는 것과는 달리 SiO_2 Nano-rod에 의하여 n-GaN에 내부 산란 점을 형성하는 기술이다. SiO_2 Nano-rod는 임의의 구조를 형성하여 활성 층에서 발광되어 n-GaN으로 방출되는 빛을 반사하지 않고 외부로 방출시키는 역할을 한다.

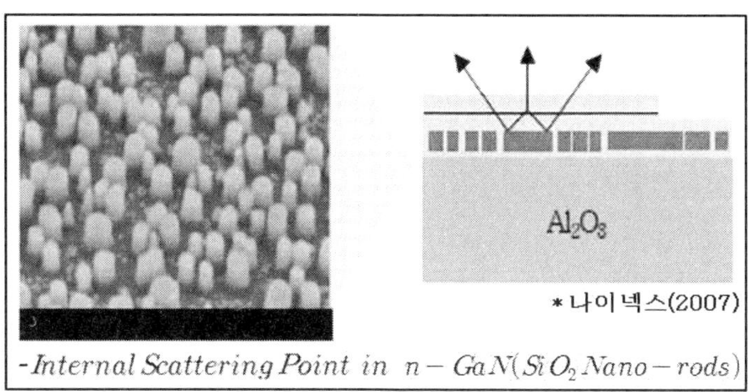

그림 1.4.12 PNS 가공 모습

2-4. 칩 공정

(1) 웨이퍼연마

사파이어가 기판이 된 LED웨이퍼를 잘 그리고 효율 좋게 칩 화하기 위해서는 최초에 웨이퍼를 얇게 할 필요가 있다. 이 공정은 연삭 · 연마공정이라고 부른다. 이것은 사파이어라고 하는 소재 때문에 굉장히 딱딱하고, 화합물계의 GaAs와는 달리 절단이 쉽지는 않다. 절단을 쉽게 하기 위해서는 칩 표면과는 계 (아스펙트비)에서 사파이어 웨이퍼를 얇게 하는 것이 보다 예쁜 칩 형상을 만드는 방법이다.

이 때문에, 예를 들어 칩 사이즈를 400㎛각이라고 지정했을 때는 웨이퍼의 두께를, 일반적으로 약 80㎛까지 얇게 하는 것이 이상적으로 생각되고 있다.

웨이퍼연마는 에피타키셜이 가해진 반대의 면, 뒷면을 연마한다. 작업시간과 작업경비를 단축하기 위해서 연삭 (갈기/Grind)과 연마(마무리/ Lap)의 2공정으로 연마를 행하는 것이 일반적이다. 연삭작업은 다이아몬드 휠을 사용하면서 행하고, 연마작업은 다이아몬드 슬러리를 사용하는 것이 일반적이다. 이 밖에도, 실리카를 이용한 약품을 사용한 연마방법 등도 있다.

이 작업의 목적은 LED웨이퍼를 얇게 함으로 칩 화 작업을 보다 효과적 · 효율적으로 하는 것이다. 따라서 연마된 LED웨이퍼의 면적도가 보다 평탄에 가까울 것, LED웨이퍼에 [뒤집어짐]이나 [구부러짐]이 없을 것, LED웨이퍼가 작업 중에 깨지거나 흠이 생기는 것이 없는 것이 포인트다.

(2) 스크라이빙

다음으로, 얇아진 LED웨이퍼를 칩 화한다. 이 방법은 다이아몬드를 갈아서 끝부분이 커터의 모양인 다이아몬든 스크라이브 툴을 전용의 스크라이브 장치에 붙여서 행한다. 이 다이아몬드 스크라이브 툴을 이용하여 커트하는 방법을 스크라이빙이라고 한다.

LED웨이퍼를 스크라이브 장치에 붙여서 칩 사이즈의 겉 둘레를 다이아몬드 스크라이브 툴을 이용하여 잘라낸다. 이때의 자르는 행위는 웨이퍼의 표면의 [격자선]을 긋는데 지나지 않는다. 그러나 이로부터 생기는 내부 응력으로 스크라이브 라인 아래 크랙(crack)을 일으켜서 [균열]을 만들어 간다.

이 밖에도, 펄스 레이저를 이용하거나, 다이싱(Dicing)으로 칩 화하는 방법도 있지만 비용과 작업 시간의 문제로 이 스크라이브 공정이 일반적이다.

(3) 브레이킹

LED웨이퍼 위에, 스크라이브 공정에서 만든 [균열]에 따라서 판상의 칼날을 밀어 넣는 것으로 칩을 완전히 분단시킨다. 이 방법을 브레이킹 이라고 한다. 브레이킹을 사용하지 않는 스크라이빙 수법(복수회의 스크라이브에 의해 크랙을 성장시킨다)도 있지만, 작업시간이라는 점에서는 브레이킹에 의존하고 있는 것이 현실이다.

현재 사파이어와 같은 경질소재 웨이퍼의 칩 화 공정에 있어서 브레이킹은 주로,

(a) 작업시간을 단축하기 위해 (스크라이브 공정을 단축하고 브레이킹으로 칩 화)

(b) 동시에 스크라이브 툴의 수명을 경감하기 위해 (칼날 끝의 마모를 세이브한다.)

라고 하는 목적으로 이용되고 있다.

이와 같이 연마, 스크라이브, 브레이킹의 공정을 거쳐 이상적인 형상으로 칩화된 LED칩은 다음 공정에서 패키지화되어 LED램프가 된다.

3. LED 램프 화 공정

LED는 최근, 회중전등 등에서 자주 사용되고 있는 포탄형, 휴대폰 등에 사용되고 있는 SMD(표면실장)형이 있는데 이것들을 총칭해서 LED램프라고 부른다. 여기서는 LED 램프 화 공정에 대해서 설명한다.

전 항까지로 개편 화되어 검사된 LED의 칩은 인터포져 위에 놓여서 배선된 후, 보호를 위해 수지 봉지되어 최종 제품형상으로 절단된다. 마지막에 불량판별을 위한 검사를 받고 출하된다.

다음은 이들 램프와 공정의 세부이다.

(1) 다이본딩

개개의 절단된 칩은 다이라고도 불린다. 이 다이는 인터포져(리드프레임, 유기기판, 세라믹기판 등의 총칭)에 열경화성의 은 페스트에 의해 접착된다. 이 공정은 다이본딩 이라고 부른다.

(2) 와이어본딩

인터표져에 접착된 다이는 다음에 인터포져를 경유하여 전원으로부터 전류를 받아 발광시키기 위한 배선이 이루어진다. 다이 윗면의 전극과 인터표져 측의 전극이 직경 20`30㎛의 금선에 의해 연결되어, LED램프로서의 회로가 형성된다. 이 공정은 와이어본딩 이라고 부른다.

(3) 수지봉지

회로형성 된 LED램프는 그 회로보호를 위해 수지로 봉지되어, 외부 공기로부터 차단된다. 대표적인 봉지방법에는 캐스팅(봇팅), 몰딩, 프린팅 등의 방법이 있다. 캐스팅 법은 액상의 수지를 틀에 흘려 넣어서 성형하는 방법으로 포탄형, 프리몰드형 패키지 등이며, 몰딩 방법은 고형수지를 150℃ 정도로 가열한 금형에서 성형하는 방식으로 리드프레임, 유기기판을 사용한 일광처리의 성형에 널리 이용되고 있다. 프린팅 법은 모듈타입의 제품 등 각각 제품에 따라 나뉘어 사용되고 있다.

봉지재로서 사용되는 수지를 열경화성으로 에폭시계, 실리콘계 등의 투명 수지가 많고, 백색LED의 경우는 이들의 수지에 YAG 등의 형광체를 섞은 수지를 사용한다. 이 공정은 수지봉지공법이라고 부른다.

(4) 절단

수지봉지의 공정이 끝난 LED램프는 최종의 제품형상으로 가공된다. 리드 프레임의 제품은 기판에 실장 되기 쉬운 형상으로 리드를 성형해서 리드프레임으로부터 떨어뜨린다. 또, 유기기판, 세라믹기판 등에 일광 봉지된 제품은 다이서(dicer)라고 불리는 장치로 각각 절단 · 분리된다. 이 공정은 절단공정이라고 부른다.

(5) 검사

절단 · 분리된 최종 제품형상이 된 LED램프는 성능 하나하나의 검사를 받은 후, 포장되어서 출하된다.

제5절 패키지

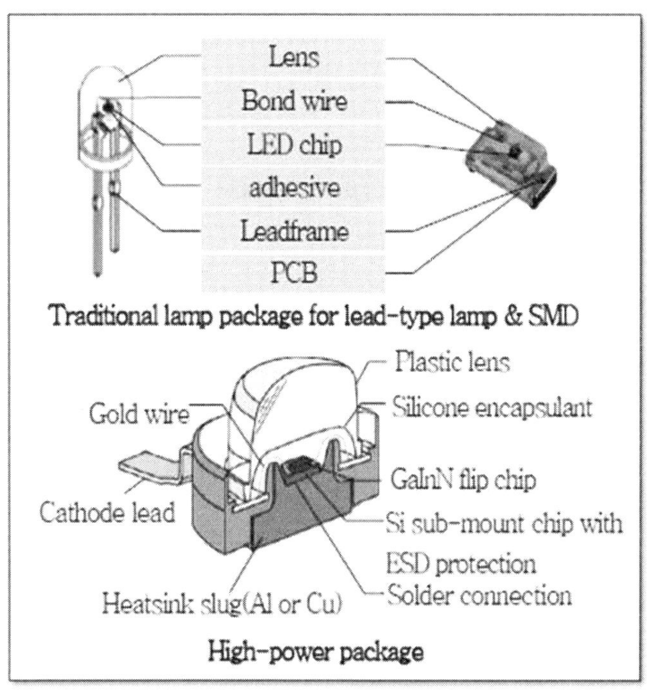

그림 1.5.1 LED 패키지

패키지는 내부에 LED 칩을 실장하고 칩과 리드(lead)를 연결하며 PCB에 부착이 가능하도록 제작된 소자이다. LED 패키지의 기본 구조는 일반적으로 LED 칩과 칩을 부착하기 위한 다이 본딩(die bonding)용 에폭시(epoxy) 또는 솔더(solder), 리드프레임(leadframe) 및 몸체(body), 전기적 연결을 위한 본딩 와이어(bonding wire)로 구성된다. 통상적인 반도체용 패키지의 경우, 패키지는 반도체 칩을 외부 환경으로부터 보호하고 단자를 PCB기판에 전기적으로 연결시키며, 칩에서 발생되는 열을 외부로 전달하는 기능을 수행하나, LED 패키지의 경우 이들 기능 이외에 칩에서 나온 빛을 최대한 외부로 탈출시켜 발광 효율을 향상시키는 역할이 필수적이다. 게다가 조명용이나 중대형 백라이트용 LED는 100mA~1A급 이상의 높은 전류를 사용함에 따라 고 신뢰성 및 방열 특성 확보가 매우 중요하다. 이러한 방열 특성 향상을 위해 heat sink를 배치하고 금속PCB 위에 실장 하여 열 저항을 최소화하기도 한다. 최근에는 다수의 칩을 세라믹-금속 PCB 위에 탑재하는 멀티 패키지가 등장하고 있다.

1. Junction 온도와 LED 특성과의 관계

LED는 공급된 전력이 특정 파장을 제외하면 대부분 열로 소모된다. 발열에 의하여 junction 온도가 상승하면 발광 효율이 저하되고 소자 수명이 급격하게 감소한다. LED junction 온도에 영향을 미치는 요인은 driving current, thermal path, ambient temperature 등이다. 〈표 1.5.1〉은 각 조명 광원의 발광 특성과 에너지 효율을 정리한 것이다. 여기서 incandescent는 60W에서, fluorescent는 통상적인 선형 연속파, energy는 total radiation energy, heat는 conduction과 convection을 합한 것을 나타낸다. 일반 visible LED는 가시광선 이외의 발광이 없기 때문에 열로 인한 손실만 줄이면 높은 가시 광 발광 효율을 얻을 수 있음을 시사하고 있다.

표 1.5.1 조명 광원의 에너지 효율 비교

	Incandescent	Fluorescent	Metal Hallde	LED
Visible	8	21	27	15~25
IR	73	37	17	0
UV	0	0	19	0
에너지	81	58	63	15~25
Heat	19	42	37	75~85
Total	100			

LED 구조에서 열 흐름 경로 상에 존재하는 저항이 열 저항(thermal resistance)이며, 열 저항이 낮을수록 발생한 열이 빨리 전달된다. 패키지 상태에서 junction 온도를 직접 측정하는 것은 불가능하므로 열 저항 측정법을 이용하여 간접적으로 측정한다.

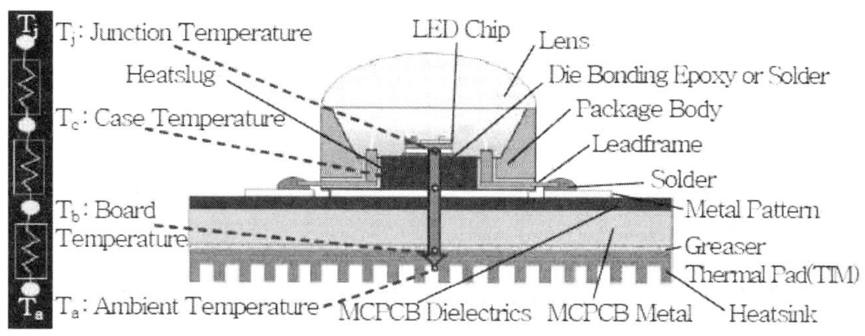

그림 1.5.2 열 저항 측정에 의한 온도 측정

2. 열 팽창에 의한 스트레스

LED가 대면적화 될수록 스트레스는 커지는데, 이는 고출력 LED의 중요한 고려 사항이다. 칩과 패키지 소재와의 열팽창 차이가 클수록 스트레스는 커지고 소자의 신뢰성에 악영향을 미친다. 스트레스는 여러 과정에서 발생할 수 있는데, 여러 LED 소자를 실장하기 위한 PCB reflow 공정 및 각종 curing 공정, LED 동작 중에도 각종 스트레스가 발생하며, 스트레스로 인하여 솔더 등 접한 부위에서의 결함이 발생하기도 한다.

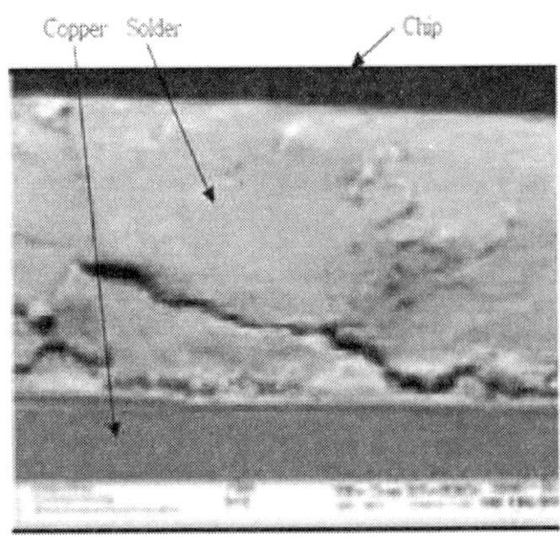

그림 1.5.3 열적 스트레스에 의한 결함의 발생

3. 패키지의 종류 및 특성

(1) Plastic 패키지

일반적으로 고출력 LED용 패키지로 가장 많이 사용되며, 열 방출을 위한 heat slug가 삽입된 형태와 heat slug 없이 lead를 통해 방열이 이루어지는 형태의 두 종류가 있다. Heat slug 형태의 경우는 열 저항이 10℃/W 이하이며, lead에 의한 방열의 경우는 15~20℃/W 정도이고, 패키지 몸체는 PPA 수지를 주로 사용하며 heat slug는 Cu를 주로 사용한다.

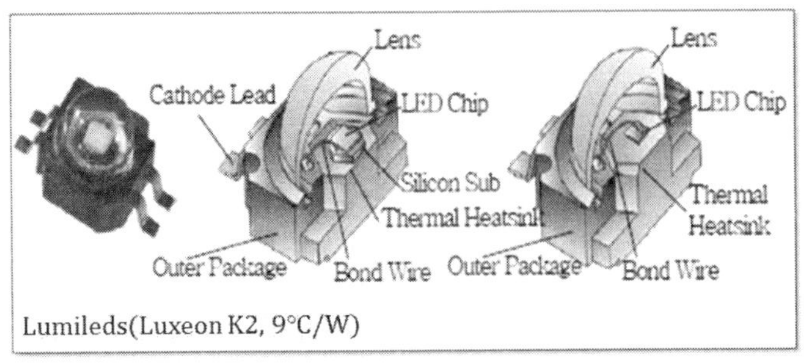

그림 1.5.4 플라스틱 패키지

(2) Sintered Substrate Ceramic 패키지

세라믹 패키지는 두 종류가 주로 사용되는데, 소결된 기판(sintered substrate)을 사용하는 경우와 소결전의 세라믹 시트를 적층(multi-layer ceramic)하여 제조하는 경우로 분류된다. 소결된 세라믹 기판은 주로 알루미나(Al_2O_3)를 사용하고, 고방열의 경우는 AlN를 사용하기도 하며, laser로 가공한 via를 통해 top과 bottom을 연결한다.

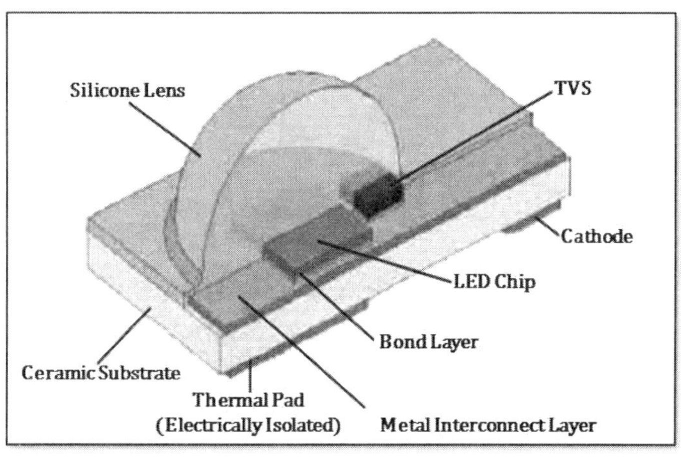

그림 1.5.5 Sintered Substrate Ceramic 패키지

(3) Multi-layer Ceramic 패키지

Multi-layer ceramic 공정은 소결 온도가 낮은 LTCC(alumina+glass)와 소결 온도가 높은 HTCC(alumina) 공정으로 분류하는데, 전체 공정비용은 LTCC가 낮고 소재비용은 HTCC가 낮다. 이 패키지의 경우는 금속의 녹는점이 문제가 되기 때문에 전극 소재는 LTCC의 경우는 Ag, HTCC의 경우는 W, Mo 등을 사용한다. 한편, 고출력 LED에서의 방열은 thermal via 또는 heat slug를 이용한다. SMD타입이고 I/O 단자 개수를 늘리기가 쉬워 멀티 칩, 어레이용으로 적합하다.

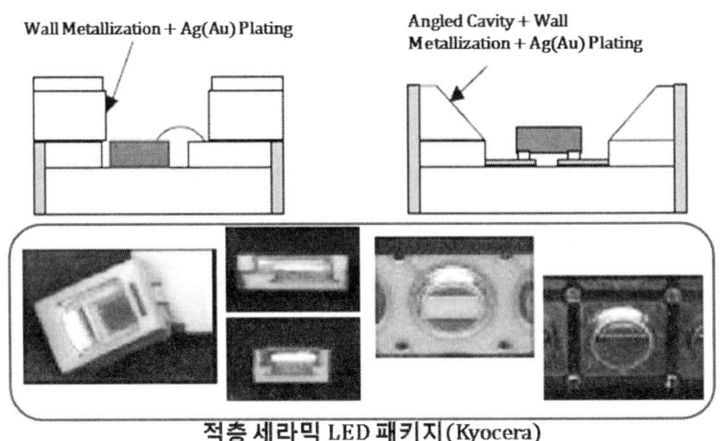

그림 1.5.6 Multi-layer Ceramic 패키지

(4) Metal 패키지

금속 소재를 사용하기 때문에 타 패키지에 비해 견고하고 우수한 방열 특성을 가지고 있다. 패키지 몸체와 lead frame 간에는 절연체 sealing 공정을 거쳐서 제조한다. 이 패키지 제조 방법은 가공비용이 상당하여 이에 따른 원가 문제를 해결해야 한다.

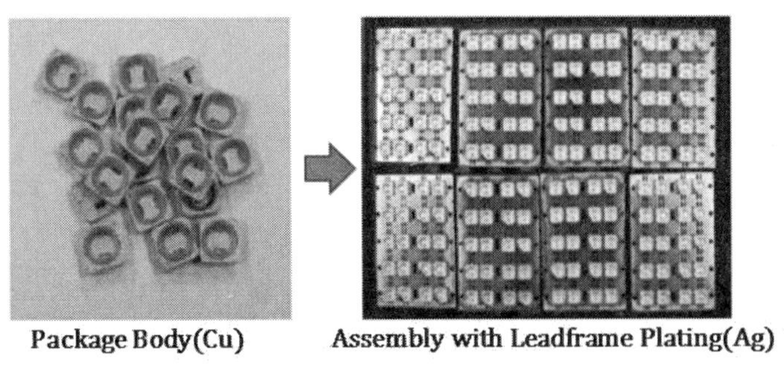

그림 1.5.7 Metal 패키지

(5) COB 패키지

COB 패키지의 특징은 열 경로를 줄임으로써 열 저항을 크게 줄이는 데 있다.

이를 위하여 PCB 기판위에 바로 칩을 실장하고 형성하여 패키지와 PCB기판을 일체화한 것이며, 이는 칩을 패키지 내부에 실장하고 밀봉하여 제조하는 대신에 PCB 기판 위에 직접 칩을 실장하고 그 위에 광학부인 렌즈를 성형하는 방식을 사용한 것이다.

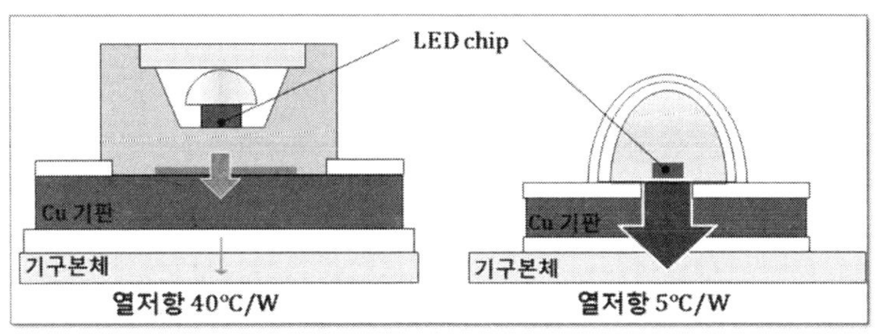

그림 1.5.8 COB 패키지

(6) Si based WPL

실리콘 기반의 WPL은 MEMS 공정을 이용하여 실리콘 기판을 가공하여 사용한다. 이 방법은 실리콘의 고 방열 특성을 이용하고 소형 및 어레이 형태의 패키지로 적합하고 ESD를 방지하기 위해 제너 다이오드의 내장도 가능하다. SMD 타입이고 lead개수를 여러 개로 만들기가 쉬워 멀티 칩, 어레이용으로 적합하다.

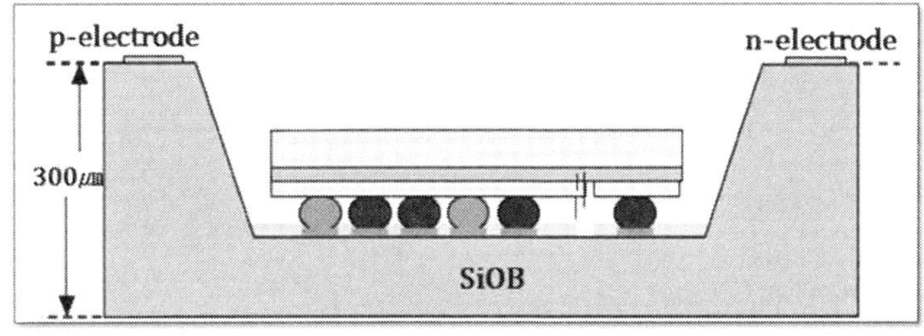

그림 1.5.9 Si based WLP

(7) Si based HWLP

기존의 WLP는 칩 공정과 서브마운트 공정을 각각 따로 진행한 후 패키지를 하는데, HWLP는 칩 공정과 서브마운트 공정을 통합한 일체형인 하이브리드 공정으로 진행한다. 이는 에피 웨이퍼를 이용하여 칩 공정/패키지/PCB 실장을 일괄 진행하는 것으로, wire bonding 없이 PCB에 direct bonding 방식을 통하여 공정 단가를 획기적으로 감소할 수 있는 방법이다. 이상으로 에피, 칩, 패키지 기술에 대하여 알아보았다. 이후의 기술 단계인 모듈은 패키 징이 완료된 LED를 이용하여 일정한 프레임에 LED를 부착하는 단계를 지칭하는 것이고, 시스템은 모듈을 사용하여 응용 제품으로 완성된 단계를 말한다.

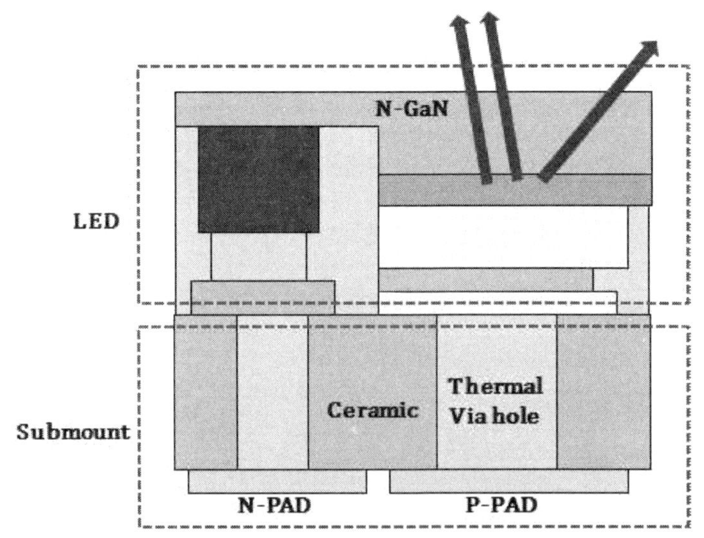

그림 1.5.10 Si based HWLP

제2장

LED 패키지의 방열 기술

제1절 LED에서의 방열 기술의 중요성

1. 개요

LED에 있어서 방열 기술이 중요한 이유는 다른 광원들과는 달리 입력된 전력 중 약 70~80% 이상이 열에너지로 전환되고 있다는 사실이다. 하지만, 열이 많이 난다기 보다는 열에 의해 LED 패키지의 소재가 열화 되는 현상이 많이 나타난다는 것이다. 실제로 열에 의한 칩의 온도상승은 단기적으로는 광 효율의 저하와 직접적으로 관계되어 있으며, 장기적으로는 칩의 수명 또한 감소하게 하는 요인이 되어 LED칩의 온도를 10℃ 만 낮추어도 수명이 2배로 늘어날 수 있다는 사실이다. 특히, LED 가 일반조명까지 대체하는 수준까지 도달할 정도로 광 출력이 증가되고 구동전류가 증가하면서 고출력 LED가 등장하면서 이러한 방열 기술은 그 중요성을 더해가고 있다.

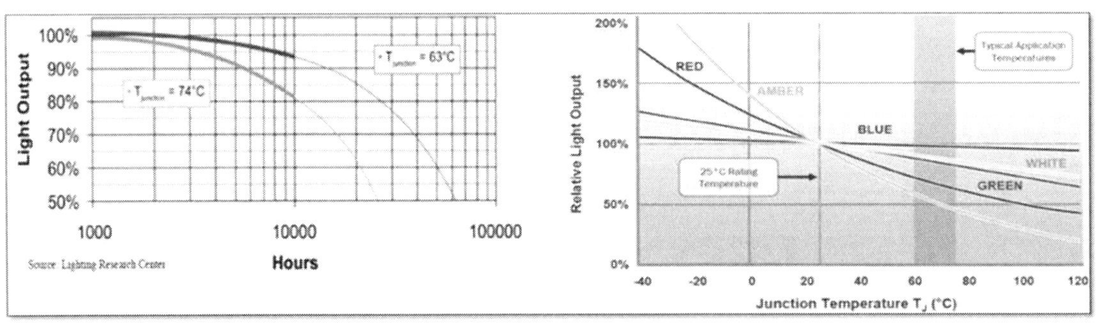

그림 2.1.1 LED 칩 온도 증가에 따른 광 출력 감소 경향 (출처 : Lumileds)

2. LED패키지의 구조 및 열 경로

기본적으로 LED 모듈은 위쪽부터 아래쪽으로 순서대로 LED 칩, 패키지, PCB, TIM, Heat Sink로 구성되어 있으며, LED 칩에서 발생된 열은 위쪽으로는 방출할 수 없고, 대부분 칩 아래 방향으로 전달되어 빠져나가는 열 경로(Thermal Path)를 가지고 있다. 열이 전달되는 주요 메커니즘은 패키지로부터 히트싱크까지는 열전도에 의해, 그 후에는 대류와 복사 현상에 의해 대기 중으로 열을 방출하게 된다.

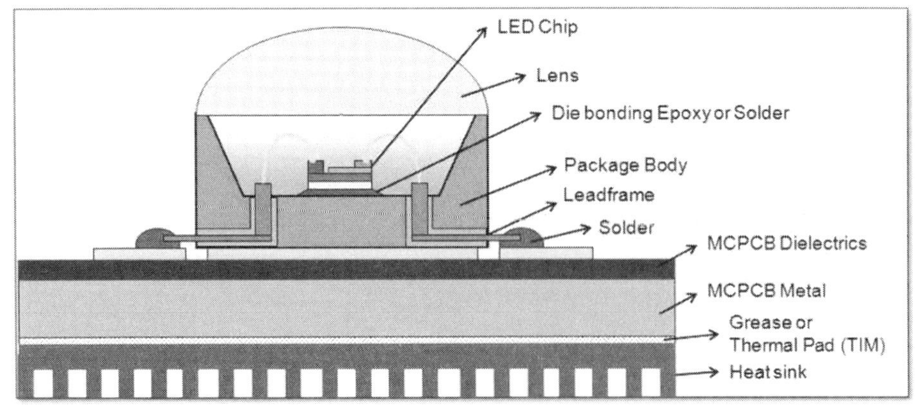

그림 2.1.2 LED 패키지 및 모듈의 기본구조

3. LED 에서의 방열 기술의 분류

현재 LED 칩으로부터 시스템 단위까지 다양한 방열 기술들이 사용되거나 연구개발이 진행되고 있다. LED 방열 기술은 사용되는 범위에 따라서 패키지 레벨, Board 레벨, 시스템 레벨 등 3가지로 나누어 볼 수 있으며, 각각의 레벨에서 여러 가지 해결방법을 통해 LED 칩의 온도를 낮추는 데 노력하고 있는 실정이다. 그림 2.1.3에 각 레벨에 따라 사용되거나 고려되는 방열 기술에 대해 나열하였다. 다만, 경우에 따라서는 2가지 이상의 레벨에 걸쳐 있어서 구분이 어려운 경우도 존재한다.

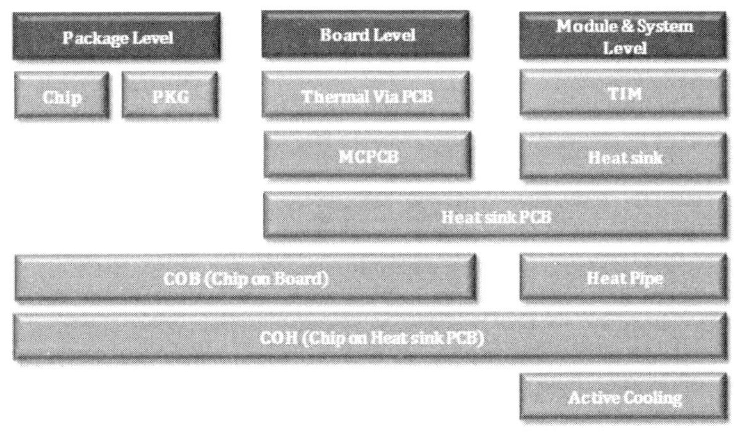

그림 2.1.3 LED 의 방열 기술 구분

제2절 LED 패키지의 방열 기술 동향

1. LED패키지의 개요

LED 패키지란 내부에 LED 칩을 실장하고 있으며, PCB에 부착이 가능하도록 제조된 LED 소자를 의미한다. LED 패키지의 기본 구조는 앞서 그림 2.2.1에 나와 있는 것과 같이 LED 칩과 칩을 부착하기 위한 다이본딩 용 에폭시 또는 솔더, 리드프레임 및 몸체, 전기적 연결을 위한 본딩 와이어로 나누어진다. 기존의 반도체 패키지의 경우, 반도체 칩을 외부 환경으로부터 보호하고 반도체 칩의 단자를 PCB 기판에 전기적으로 연결시키며 칩으로부터 발생되는 열을 외부로 전달하는 기능을 수행하여 왔다. LED 패키지의 경우 기본적으로는 기존 반도체 칩과 동일한 기능을 수행하면서도 칩에서 나온 빛이 최대한 외부로 빠져나갈 수 있도록 하는 기능이 추가적으로 요구된다. LED 패키지의 종류는 사용되는 LED 칩의 출력, 패키지 형상, 응용분야, 패키지 몸체의 소재, 패키징 레벨 등 다양한 방법에 의해 분류가 되는데, 출력의 경우 20mA의 정격전류를 가지는 일반형 패키지와 150mA까지의 준 출력 패키지, 350mA 이상의 정격전류를 가지는 고출력 패키지로 나누어진다.

2. LED패키지의 방열 성능 향상

기존의 정보표시 소자들은 리드프레임에 에폭시 수지로 몰딩 하는 램프형의 패키지가 주로 사용되어 왔으며, 이 경우 열 방출은 전기적인 연결을 수행하는 리드프레임을 통해서만 가능하므로 열 방출 효과가 미흡하여 열 저항이 약 300 K/W로 매우 높게 된다. 따라서 출력이 1 와트 이상이 되는 고출력 LED용으로는 이러한 패키지는 적합하지 않다. 리드프레임의 개수가 4개이고 굵기가 램프 형 패키지에 비해 굵은 플럭스 형 LED 패키지의 경우도 약 150 K/W 부근의 열 저항을 가지고 있다. 고출력 LED패키지의 경우는 플라스틱 본체에 열전도도가 우수한 구리나 알루미늄 등의 금속 물질을 칩 하단 위치에 채용하여 열 저항을 10 K/W 부근으로 매우 낮추고 있다.

패키지 몸체의 열전도도를 늘이는 방법으로 다른 소재에 대한 채용도 증가하고 있다. 실리콘 기반의 웨이퍼레벨 패키지는 단결정 실리콘 기판의 우수한 열 방출 효과와 함께 소형 및 다중 배열 형태의 구조가 가능하다는 장점이 있다. 세라믹 기판을 기반으로 한 세라믹 기반의 웨이퍼레벨 패키지는 박막 또는 후막으로 기판 표면에 패턴을 형성하고 기판 표면을 식각하는 대신에 평면상에 LED 칩을 실장하고 렌즈를 성형하여 부착하는 형태를 취하고 있으며, 약 10 K/W 부근의 열 저항을 가지고 있다.

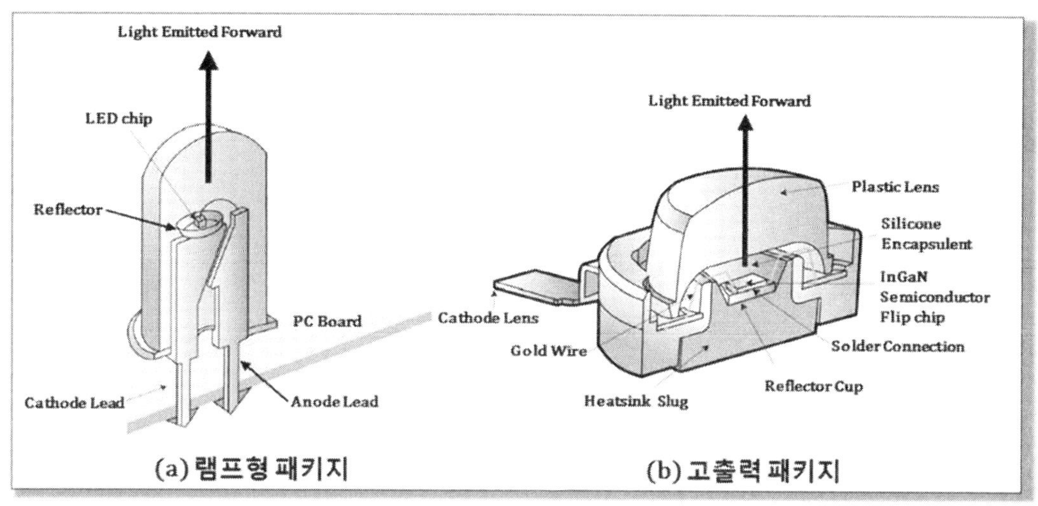

그림 2.2.1 램프 형 패키지와 고출력용 LED패키지(출처 : lumileds)

그림 2.2.2. 실리콘 기반의 LED 웨이퍼레벨 패키지 (WLP)

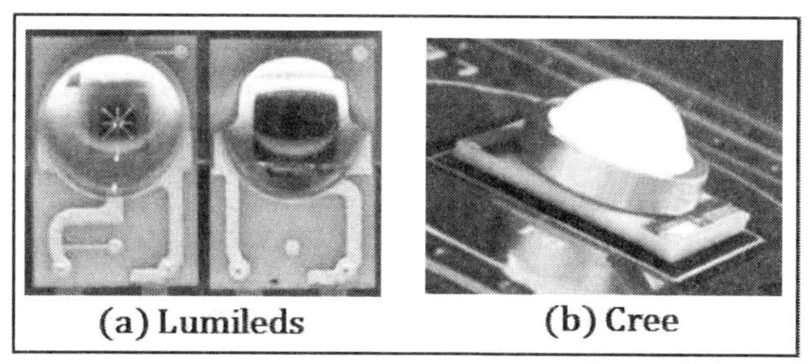

그림 2.2.3 세라믹 기반의 LED 웨이퍼레벨 패키지 (WLP)

또 다른 세라믹 패키지인 적층 세라믹 패키지는 몸체가 열전도도가 좋지 않은 LTCC (Low Temperature Co-fired Ceramics)인 경우가 많아 열 방출 효과를 더 높이기 위해 플라스틱 패키지와 같은 방법으로 칩 하단부에 방열용 비아홀(Thermal Via)을 형성하거나 금속물질(Heat Slug)을 부착하여 방열 성능을 향상시키고 있다.

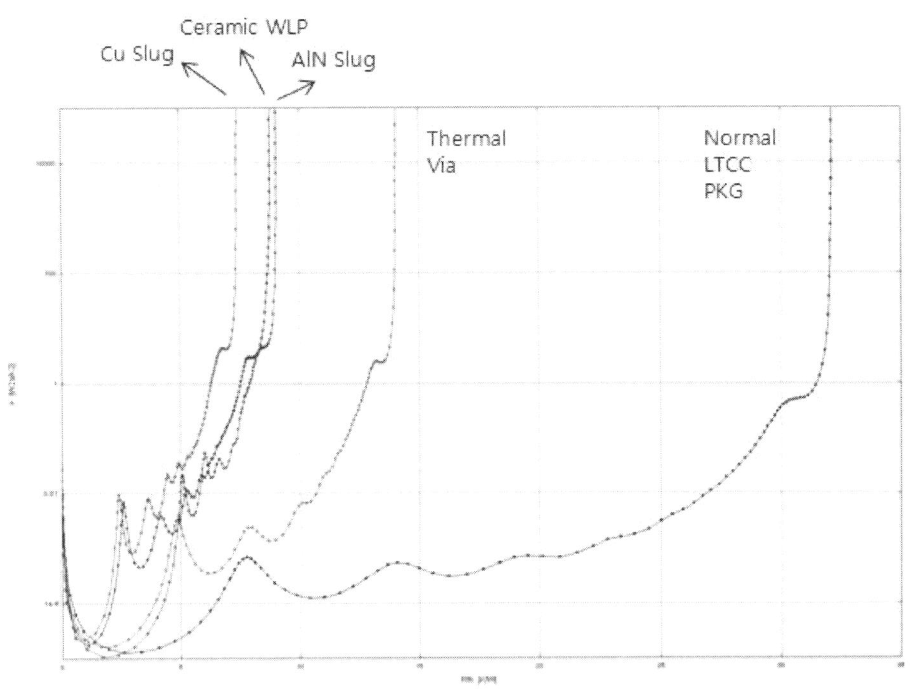

그림 2.2.4. 각종 세라믹 LED 패키지의 열 저항 측정 비교

이에 비해 금속 패키지(Metal Package)는 패키지의 몸체를 열전도도가 낮은 플라스틱을 사용하는 대신 열전도도가 높은 구리나 알루미늄과 같은 금속을 사용하여 패키지의 방열 특성을 극대화하고 있다.

그림 2.2.5 금속Body의 LED 패키지 리드프레임 (Intops)

3. 패키징 공정에서의 방열 성능 향상

LED 패키징은 LED 칩을 패키지 몸체에 넣고 밀봉하는 일련의 공정을 의미하는 것이다. 일반적인 패키징 공정은 LED 칩을 부착하는 다이본딩, 와이어로 LED 칩을 리드 프레임과 전기적으로 연결하는 와이어본딩, 그리고 에폭시나 실리콘으로 외부를 감싸는 몰딩 공정으로 나누어지는데 이 중에서 가장 열 방출과 관련이 있는 공정은 다이본딩 공정이다.

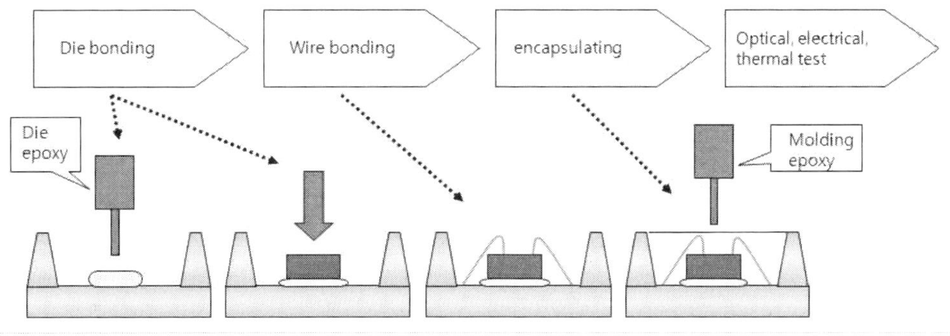

그림 2.2.6 LED소자의 패키징 공정

다이본딩을 위한 접착제는 열전달 특성이 우수한 은(Ag)가 함유된 에폭시 타입이 가장 일반적으로 사용되고 있으며, 에폭시의 낮은 열전도도를 은 분말을 혼합함으로 보완하고 있다. 접착제의 열전도도 변화에 따른 열 저항 감소 경향성을 보여주고 있다.

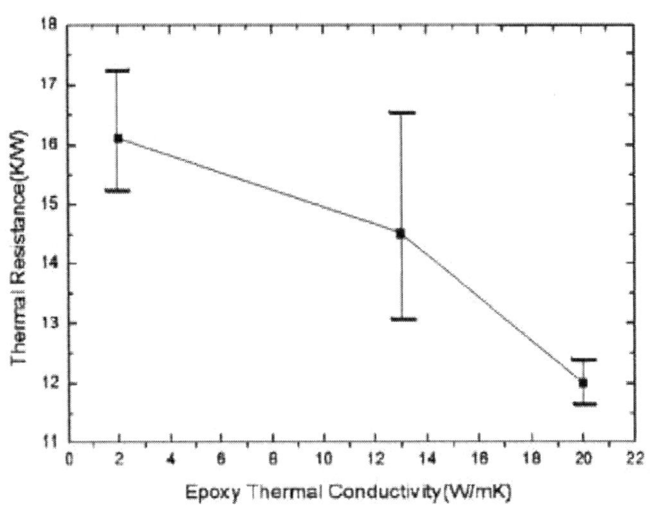

그림 2.2.7 접착제의 열전도도에 따른 열 저항 변화

에폭시 타입의 접착제는 고분자가 주성분이므로 첨가제를 넣더라도 열전도도가 증가되는 것에는 한계가 존재하게 된다. 따라서 고분자 접착제 대신에 금속과 금속 접합에 사용되는 고온 솔더 소재인 Au-Sn 솔더를 사용하여 열 저항을 감소시킬 수 있다.

4. COB, COH 기술

방열에 있어서 소재 자체의 열전도도도 중요하지만 각 소재간의 Interface에서 발생하는 열 저항도 큰 영향을 미치게 된다. 따라서 LED모듈을 구성하는 여러 요소를 일부 제거하거나 두 가지 구성요소를 일체형으로 만들어 열 저항을 줄여주는 기술에 대한 연구 개발이 활발하게 진행되고 있다. 기존의 LED 모듈 구성요소에 비해 구조적으로 단순하게 설계됨으로 인해 열 저항이 감소된다는 것을 알 수 있다.

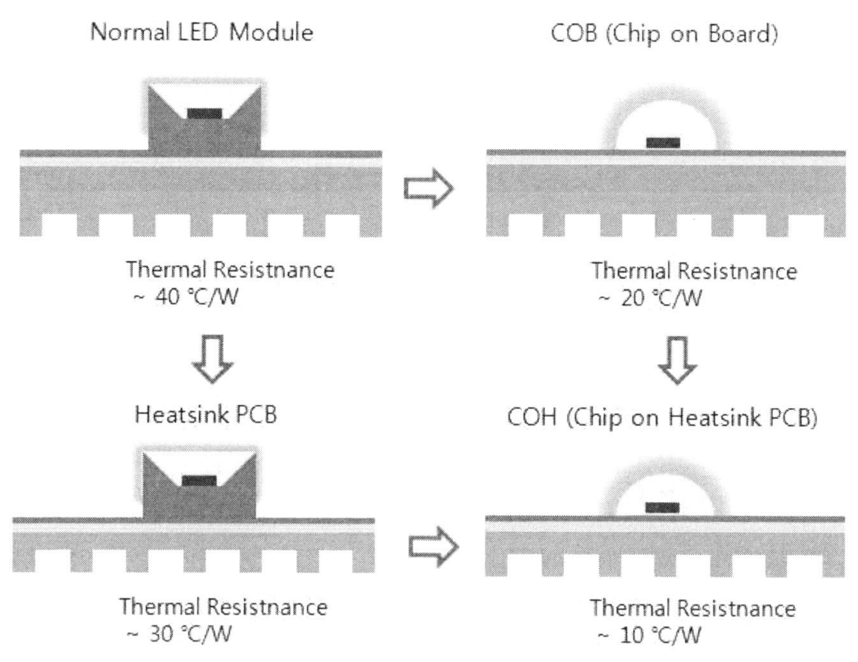

그림 2.2.8 열 경로 감소를 위한 LED 모듈 통합화 기술

위 기술 중 패키지와 PCB 기판을 일체화한 것이 COB (Chip on Board) 인데, 이는 칩을 패키지 내부에 실장하고 밀봉하여 제조하는 대신에 PCB 기판위에 직접 칩을 실장하고 그 위에 렌즈를 성형하는 방식을 사용한 것이다. 칩을 바로 히트싱크 위에 본딩하는 COH 기술은 열 저항 측면에서는 가장 우수한 특성을 가지는 것으로 알려져 있다. 히트싱크 종류에 따라서 금속(Al)을 이용하는 경우와 알루미나 세라믹 가공을 통해 제조하는 경우도 있다.

|제3장|

열 해석 프로그램을 이용한 LED방열설계

제1절 프로그램 설치하기

1. 개요

본 LED 패키지 열 해석 실습에서 사용할 모델은 적층 세라믹 패키지로서 형태와 구조는 그림 3.1.1과 같이 되어 있다. 모델링은 패키지만 하지 않고 패키지 아래에 있는 MCPCB 구조도 같이 모델링 후 함께 해석해야 더 정확한 결과를 얻을 수 있다.

표 3.1.1 패키지 열 해석 모델의 구성요소 및 열전도도

Components	Dimension (mm)	열전도도 (W/mK)
PKG body	5.0*5.0*1.0	2.0
LED Chip GaN	1.0*1.0*0.01	130
LED Chip Sapphire	1.0*1.0*0.1	42
Ag epoxy	0.02	20
Silicone	ϕ=3.2, t=0.6	0.5
Ag Pattern	t=0.02	419
MCPCB AL	20*20*1.5	137
MCPCB Dielectrics	t=0.1	2.0
MCPCB Cu	t=0.03	385
Solder	t=0.05	50

본 실습에서 다룰 세라믹 패키지는 LTCC(Low Temperature Co-fired Ceramics)소재로 이루어져 있으며, 실습에 필요한 Dimension과 각 구성 소재에 대한 데이터는 표 3.1.1에 나타내었다.

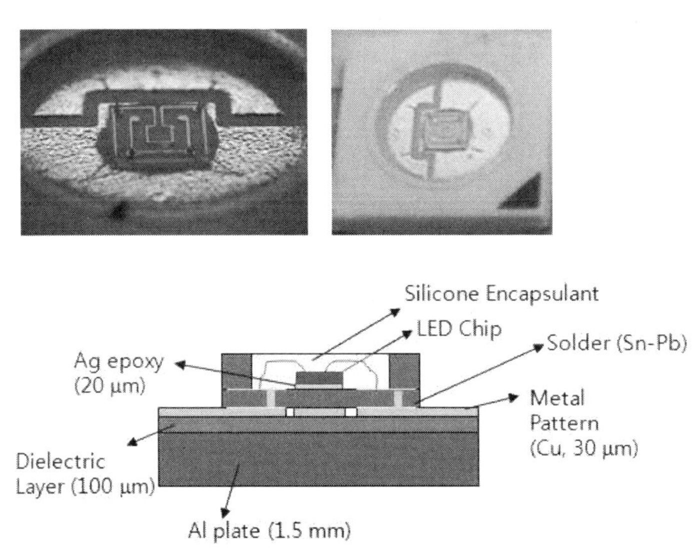

그림 3.1.1 패키지 열 해석 모델

2. 기본 해석조건 설정

일단 Flotherm program을 실행시킨 뒤 Project Menu에서 New를 선택하여 새로운 Project를 생성시킨다. 이 때 단위는 우리가 일반적으로 사용하는 Default SI 단위를 선택하도록 한다. 단위 설정이 끝나면 Project 의 저장 경로 및 이름을 설정하게 된다. 아래와 같이 설정하도록 한다.

- Project Name : LED_PKG1
- Title : LED PKG Simulation Example 1
- Project Solution Directory : C:\Flomerics\user\

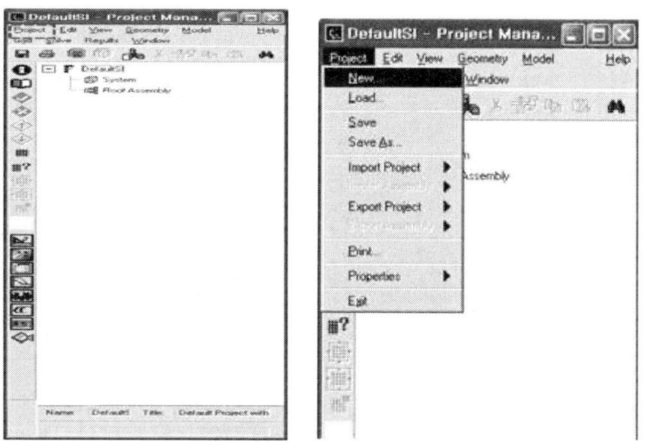

그림 3.1.2 프로그램 실행과 새로운 Project 생성

Note에는 시뮬레이션과 관계된 각종 해석관련 변경사항 등을 기록하게 되고 향후 다시 시뮬레이션 결과를 분석하거나 데이터를 검색할 때 유용하게 사용할 수 있는 장점이 있다. 그리고 Edit메뉴에서 Unit메뉴를 통해 길이 단위를 m 단위에서 mm단위로 변경한다. 주로 우리가 다루는 구조는 mm 단위에서 사용되므로 미리 변경을 해두면 편리하다.

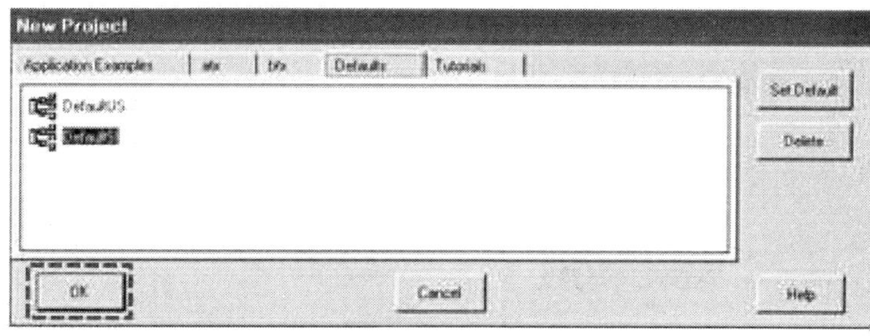

그림 3.1.3 새로운 Project 의 단위 설정

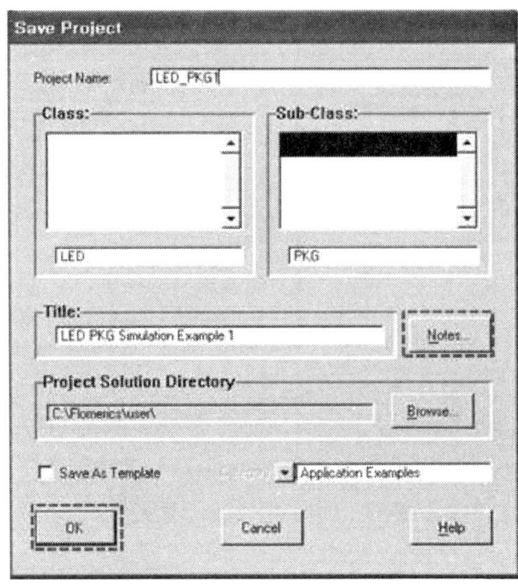

그림 3.1.4 새로운 Project 의 저장

해석조건을 설정하기 위해 Project Manager창에서 System을 찾아서 오른쪽 마우스 버튼을 누르면 System Menu가 나타나고 메뉴 창에서 해석 조건을 각각 설정할 수 있다. 가장 먼저 System의 크기를 설정하며 이 크기가 나중에 해석하는 범위가 된다. 해석 범위 크기(size)는 x=40mm, y=40mm, z=50mm로 설정하도록 한다.

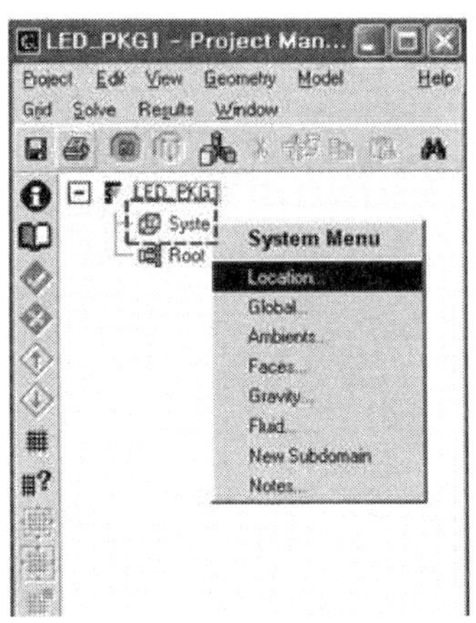

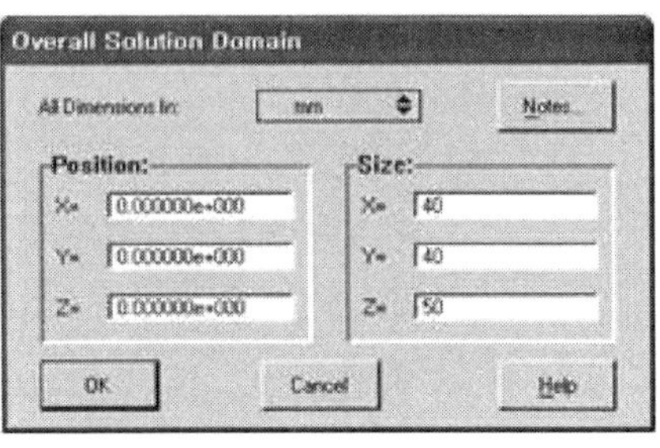

그림 3.1.5 System 해석 범위 설정

다음으로 Global Menu에서 External Radiant Temperature와 External Ambient Temperature를 각각 25℃ 로 설정한다. 또한, Ambient Menu에서는 New를 눌러 새로운 속성을 만드는데, Ambient 와 Radiant Temperature를 각각 5℃로 설정하고 Name을 T_amb_25C 로 설정한다. 다시 Ambient Menu 화면에서 Attach버튼을 눌러 만든 속성이 부여되도록 한다. 이 작업이 없으면 속성이 부여되지 않게 되므로 제대로 Attach가 되었는지 반드시 확인하도록 한다.

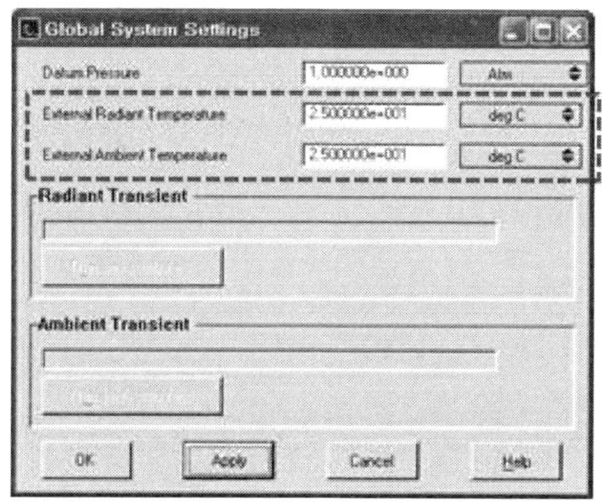

그림 3.1.6 Global System 설정

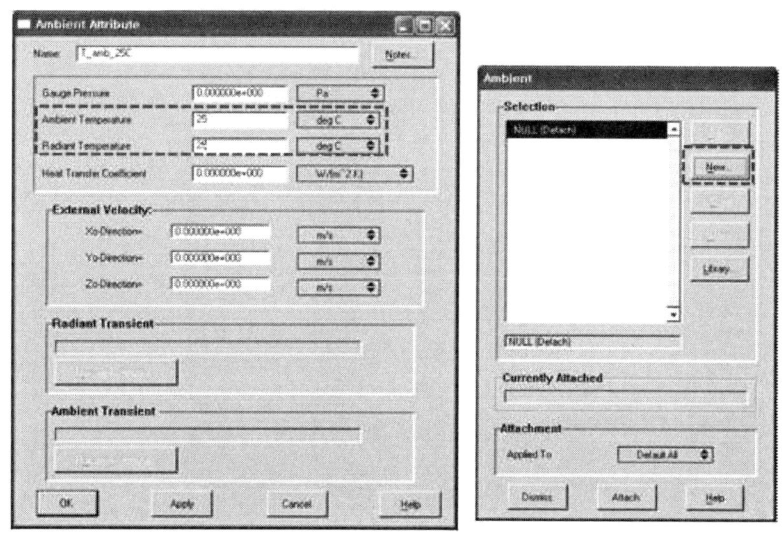

그림 3.1.7 Ambient 속성 설정

다시 System Menu에서 Faces를 선택하면 Boundary Face Type을 설정하는 메뉴가 나타나고 여기서는 모두 Open으로 설정하고 OK를 눌러 밖으로 빠져나온다(그림 3.1.8). 다음으로 Gravity를 설정하는데, 일반적으로 Flotherm program에서는 Negative Y 방향으로 중력방향이 설정되어 있다. 하지만 직관적으로 많이 사용하는 Negative Z 방향으로 설정하기로 한다.

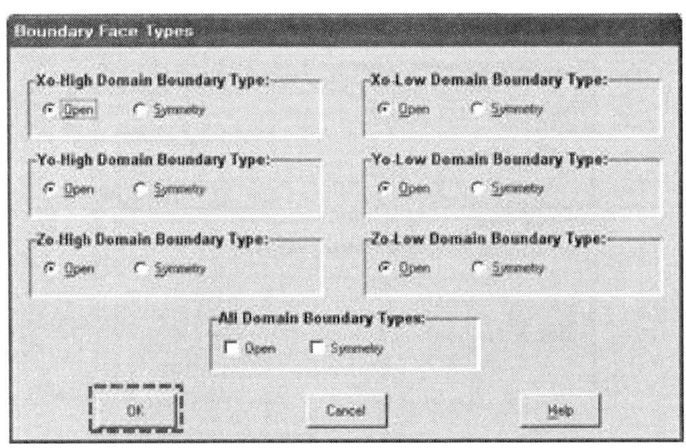

그림 3.1.8 Boundary Face type 설정

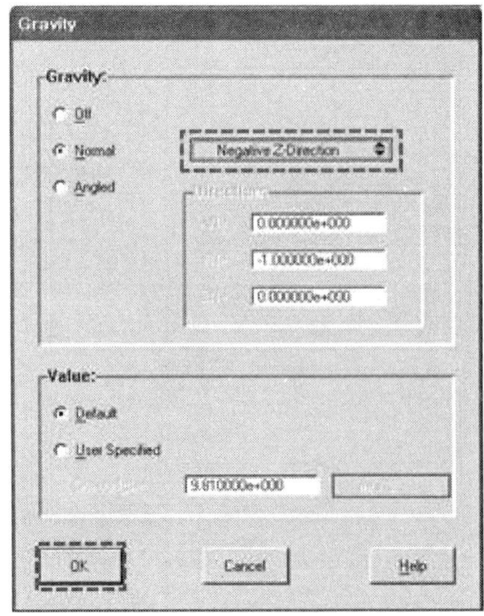

그림 3.1.9 Gravity 속성 설정

3. 모델링

대부분의 CFD 프로그램의 경우, 모델링 시 기존의 3차원 CAD 프로그램과는 달리 개체의 위치나 크기에 대해 숫자를 직접 입력하여 모델링하게 된다. 먼저 모델링하기 위해 개체를 생성하여야 하므로 View메뉴에서 Palette를 선택하면 Project Manager창의 오른쪽에 개체를 선택할 수 있는 아이콘들이 모여 있는 창이 생성된다. 일단, Assembly 아이콘을 세 번 클릭하여 세 개의 Assembly를 생성한다. Assembly는 함께 묶어두면 좋은 개체들끼리 모아서 모델링이 편리하도록 하는 기능이 있다. 생성된 Assembly의 이름을 각각 Chip_Assy, PKG_Assy, MCPCB_Assy로 만든다. Assembly 생성이 끝나면 Chip_Assy를 활성화 시킨 상태에서 Cuboid를 하나 생성하고 이름을 GaN으로 변경시킨다. 생성된 GaN의 크기를 입력하기 위해 GaN개체 선택 후 오른쪽 마우스 버튼을 클릭하여 세부 메뉴에서 Location으로 들어간다.

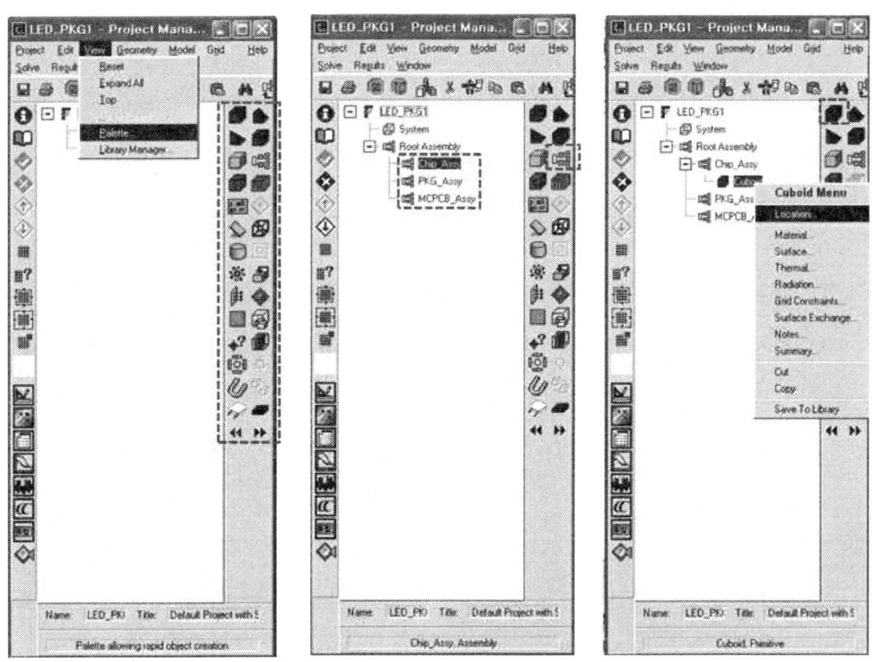

그림 3.1.10 Assembly 생성과 GaN Cuboid 생성

GaN의 Size 는 X=1 mm, Y=1 mm, Z=0.01 mm를 입력하고 같은 Assembly에 다시 Cuboid를 하나 만들어 Sub 로 이름을 붙이고 Size는 X=1 mm, Y=1 mm, Z=0.1 mm을 입력한다. 마찬가지로 Cuboid를 하나 더 만들어 Ag_epoxy 로 명명하고 Size 는 X=1 mm, Y=1 mm, Z=0.02 mm 로 입력한다.

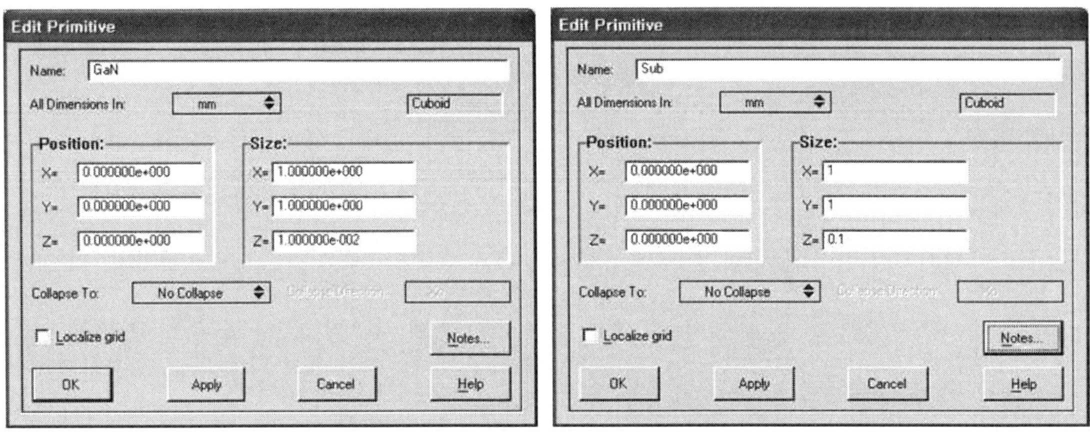

그림 3.1.11 GaN 과 Sub 의 치수 입력

각 개체간의 위치를 정하는 방법은 직접 수치를 입력할 수도 있지만, Mouse 로 직접 개체를 선택하여 이동시킬 수 있다. 위에서 만든 세 가지 Cuboid의 위치를 이동시켜 보자. 먼저 Drawing Board를 Launch 시키고 Picture Mode를 +Y View로 변경하여 Zoom으로 개체를 확대한다. 각 개체를 선택(Project Manager에서) 후 Object Snap on 상태에서 위치를 이동하면 되고, Ag_epoxy 기준으로 그 위에 Sub, 최상층에 GaN을 이동시키면 된다.

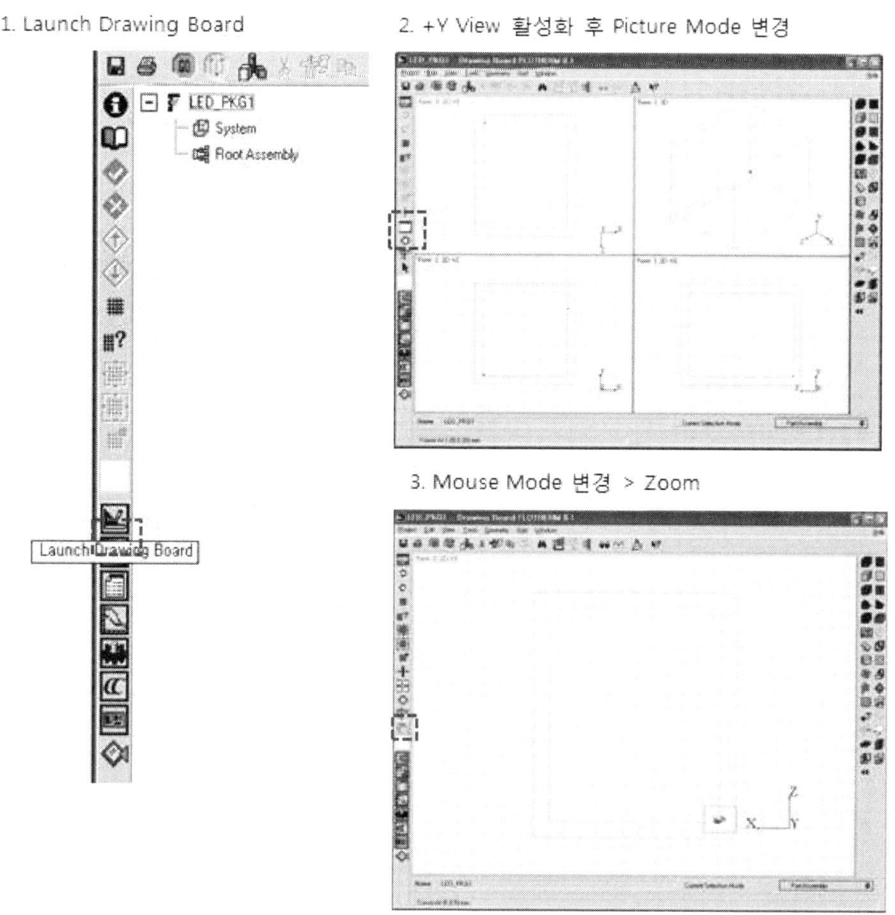

그림 3.1.12 Ag_Epoxy 와 Sub, GaN 위치 이동

Chip_Assy의 모델링이 완료되었으면, MCPCB_Assy를 선택하고 앞의 방법과 마찬가지로 Cuboid를 생성하여 아래 표와 같이 이름 및 치수를 입력한다.

표 3.1.2 MCPCB_Assy Cuboid 의 Size

Cuboid name	X	Y	Z
PCB_Al	20	20	1.5
PCB_Dielectrics	20	20	0.1
PCB_Pattern1	1.4	5	0.03
PCB_Pattern2	2.4	5	0.03

위치 이동은 Drawing Board를 활성화하여 앞의 예와 마찬가지로 위치 이동을 하면 되고 PCB_Al위에 PCB_dielectrics 와 PCB_Pattern 1, 2가 각각 위치하도록 이동하면 된다.

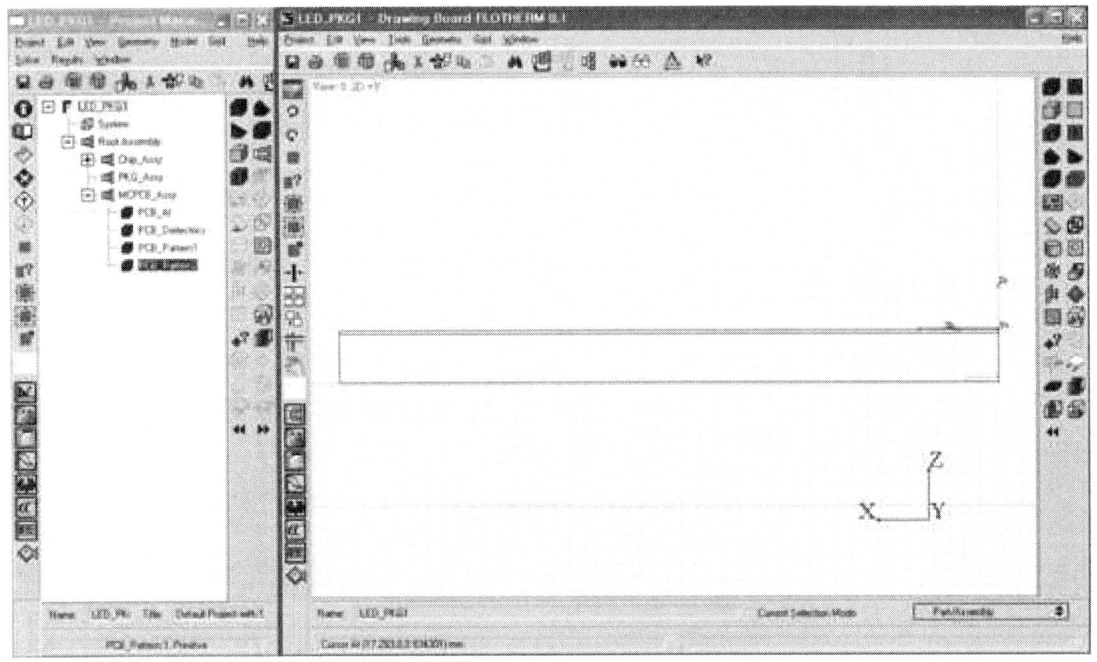

그림 3.1.13 MCPCB_Assy 내에서의 위치 이동

PKG_Assy Modeling은 위에서와 마찬가지로 Cuboid를 생성하는데, 표 3.1.2과 같이 Position과 Size를 입력하도록 한다.

표 3.1.3 PKG_Assy 의 Cuboid 생성 및 치수 입력

Cuboid name	Position			Size		
	X	Y	Z	X	Y	Z
Bottom	0	0	0.02	5	5	0.4
Top	0	0	0.42	5	5	0.6
Bottom_Pad1	0	0	0	5	1.4	0.02
Bottom_Pad2	0	1.9	0	5	3.1	0.02
Mid_Pad1	1.3	1.5	0.42	0.3	0.7	0.02
Mid_Pad2	1.6	1.2	0.42	1.8	0.5	0.02
Mid_Pad3	2.0	1.9	0.42	1	0.5	0.02
Mid_Pad4	1.5	2.4	0.42	2	1.35	0.02
Mid_Pad5	3.4	1.5	0.42	0.3	0.7	0.02
Mid_Pad6	1.2	2.4	0.42	0.3	0.7	0.02
Mid_Pad7	3.5	2.4	0.42	0.3	0.7	0.02

마찬가지로 Cylinder를 3개 생성시킨 후 표 3.1.3과 같이 Position 과 Construction Size를 기입하도록 한다. 치수 입력 시 동시에 여러 개체를 선택하여 속성을 바꾸면 편리하다. 여러 개체를 동시에 선택하는 방법은 하나의 개체를 선택하고 Ctrl 키를 누른 상태에서 다른 개체를 선택하는 방법을 취하면 된다.

표 3.1.4 PKG_Assy 의 Cylinder 생성 및 치수 입력

Cylinder name	Position			Construction		
	X	Y	Z	Radius	Length	Modeling
Encap	2.5	2.5	0.42	1.6	0.6	8 facets
Via1	2.5	3.6	0.02	0.06	0.4	8 facets
Via2	2.5	1.3	0.02	0.06	0.4	8 facets

다음으로는 개체의 크기를 마우스로 변경하는 것에 대해 실습하기로 한다. 기존에 만들었던 PCB_Pattern1, 2에 대해 각 개체의 선분 중심점을 마우스로 끌어서 패키지의 Pad 크기와 일치시키면 되고, 완전히 일치되면 표 3.1.4와 같은 Position과 Size를 가지게 된다.

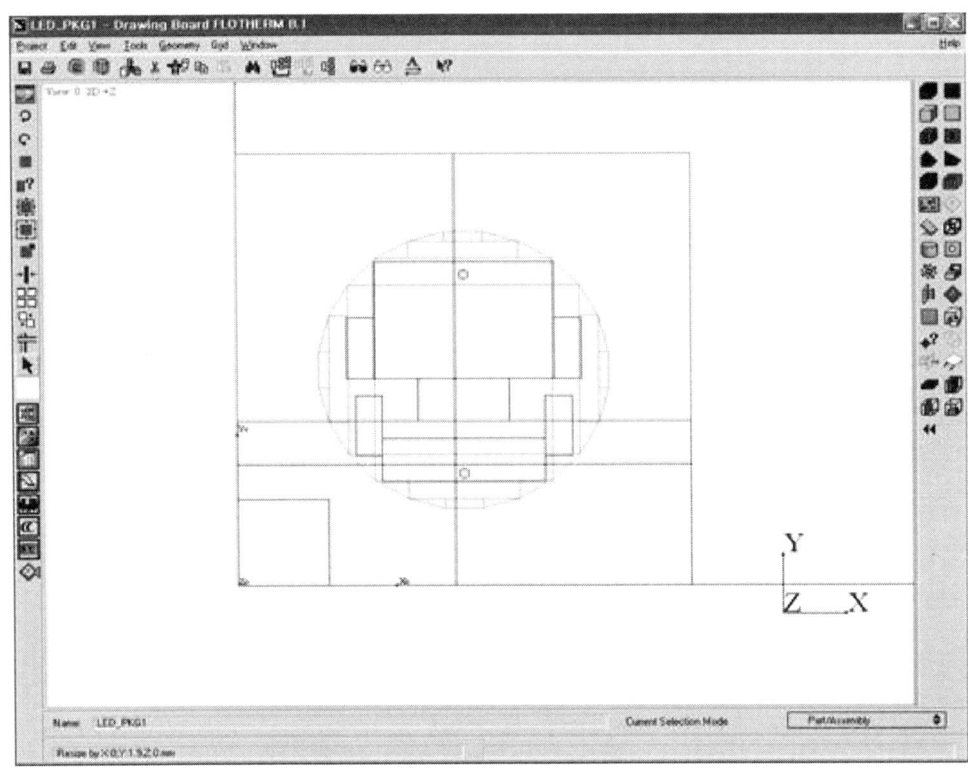

그림 3.1.14 개체의 이동 및 크기 변화

표 3.1.5 크기 변화 후의 Position 과 Size 값

Cuboid name	Position			Size		
	X	Y	Z	X	Y	Z
PCB_Pattern1	0	1.9	1.6	5	3.1	0.03
PCB_Pattern2	0	0	1.6	5	1.4	0.03

PCB의 솔더 부분을 모델링하기 위해 PCB_Pattern 1, 2를 각각 Copy 하고 MCPCB_Assy Assembly에 Paste 한 뒤 속성을 표 3.1.5처럼 변경시킨다.

표 3.1.6 PCB_Solder 개체 생성 및 크기 입력

Cuboid name	Position			Size		
	X	Y	Z	X	Y	Z
PCB_Solder1	0	1.9	1.63	5	3.1	0.05
PCB_Solder2	0	0	1.63	5	1.4	0.05

이번에는 이미 만들어진 각 Assembly에 대해서 Align 명령으로 수평 위치를 이동해 보자. 먼저 View를 +Z 창으로 하고 MCPCB_Assy를 선택한 뒤 Ctrl을 누른 상태에서 PKG_Assy와 Chip_Assy를 선택한다. 이 때 순서가 바뀌게 되면 완전히 다른 배열이 되므로 주의한다. 선택이 완료되면 Drawing Board 상의 Align 아이콘을 선택하고 수평 Align과 수직 Align을 모두 선택하여 MCPCB 중간에 Chip과 PKG가 위치하도록 한다.

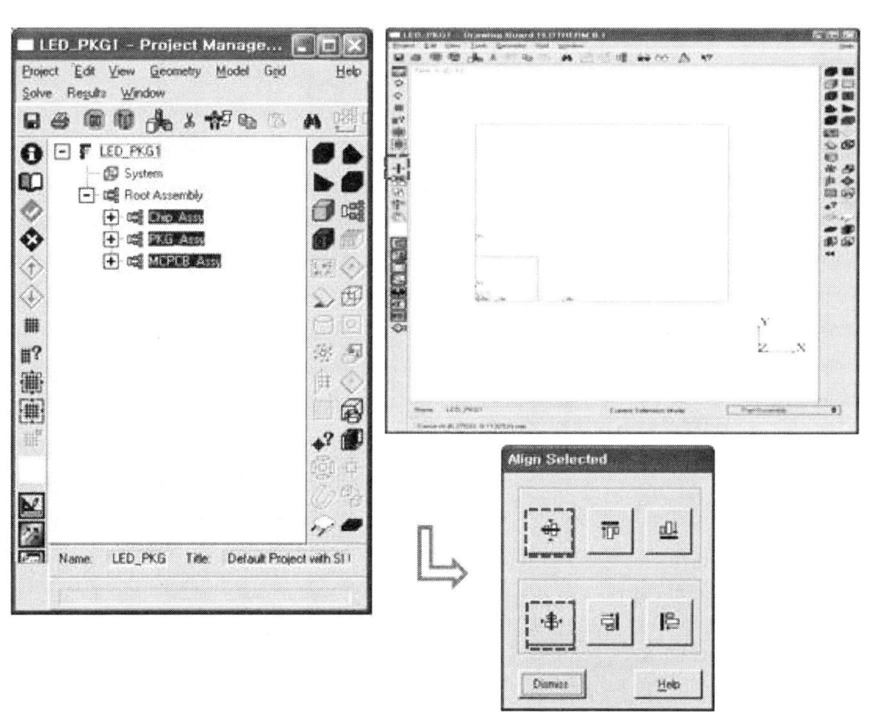

그림 3.1.15 Align 명령으로 각 Assy 의 위치이동 하기

원활한 해석을 위해서는 해석하고자 하는 모델이 해석범위내의 일정 공간에 위치하여야 하며 보통 System 내부에서 X-Y 로는 중간에 Z 축으로는 약간 아래쪽에 위치하는 것이 바람직하다. 따라서 Root Assembly 를 X=10 mm, Y=10 mm, Z=10 mm 로 각각 위치를 이동한다. 위치 이동이 모두 완료되면 그림과 같은 형태가 된다.

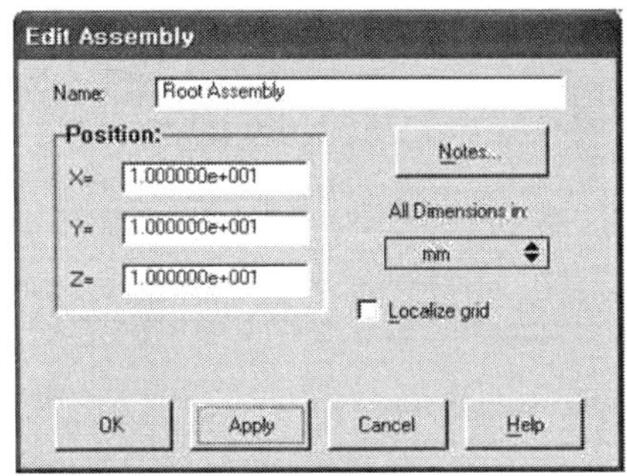

그림 3.1.16 Root Assembly의 위치 이동

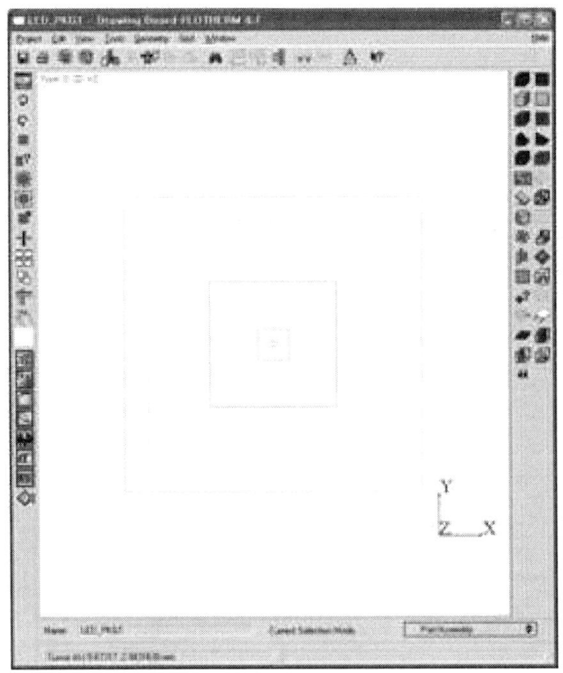

그림 3.1.17 위치 이동 완료 후의 Drawing Board 상의 형태

수직으로의 Assembly 위치 이동은 +Y 와 +X 창에서 각 개체 선분의 중점 제외 부분 클릭 후 마우스 끌기로 이동하고, +Z 창에서 다시 중심위치인지 확인해보고 위치가 변경되었는지 확인해 본다.

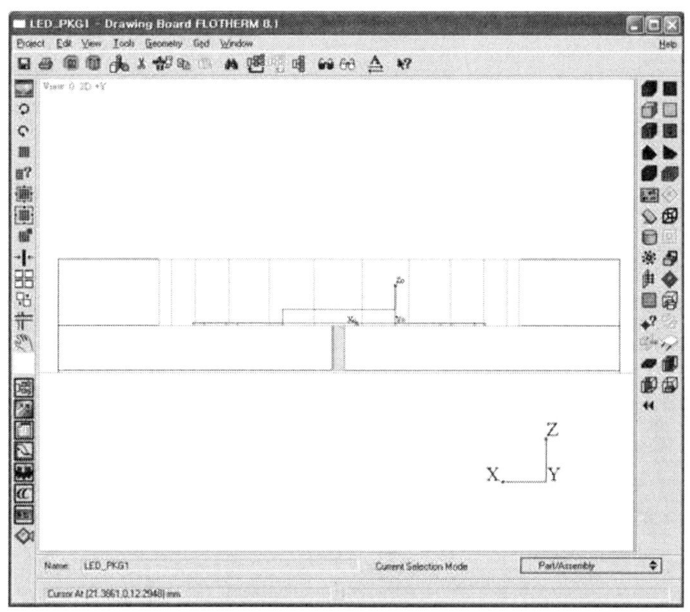

그림 3.1.18 각 Assembly의 수직 위치 이동

표 3.1.7 각 Assembly의 위치 이동 후의 치수 값

Assembly name	X	Y	Z
MCPCB_Assy	0	0	0
PKG_Assy	7.5	7.5	1.68
Chip_Assy	9.5	9.5	2.12

이 때, 세부 개체를 열어보면 PCB_pattern과 PCB_solder의 위치가 틀어져 있음을 확인할 수 있다. 따라서 그런 경우, 위치를 이동하면 된다.

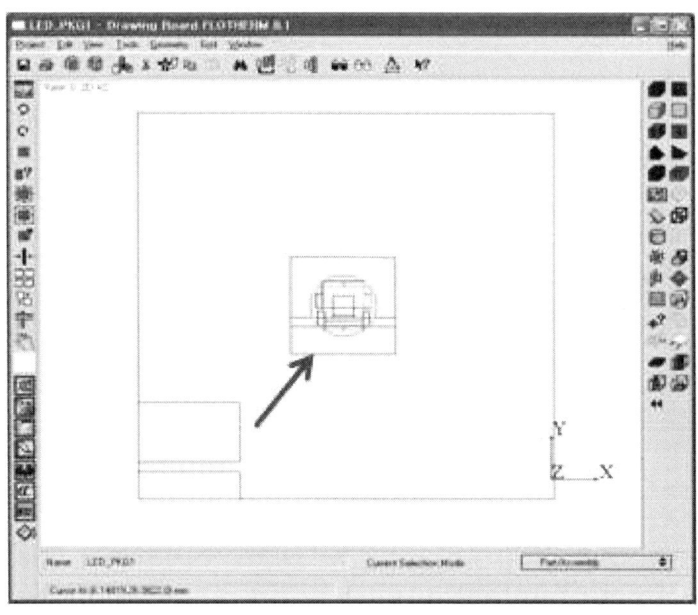

그림 3.1.19 PCB_pattern 과 PCB_solder의 위치 이동

현재까지 만들어진 모델에서는 급전을 위한 Pattern 이 아직 형성되어 있지 않다. 따라서 추가적으로 MCPCB_Assy에 Cuboid 두 개를 더 설정하여 표 3.1.8과 같이 치수를 입력하도록 한다.

표 3.1.8 추가된 PCB_pattern 3, 4 의 치수 값

Cuboid name	Position			Size		
	X	Y	Z	X	Y	Z
PCB_Pattern3	9	12.5	1.6	2	7.5	0.03
PCB_Pattern4	9	0	1.6	2	7.5	0.03

치수 입력이 완료되면 추가적인 PCB Pattern이 형성된다. 그림은 모델링이 모두 완료된 PKG 모델을 보여주고 있다.

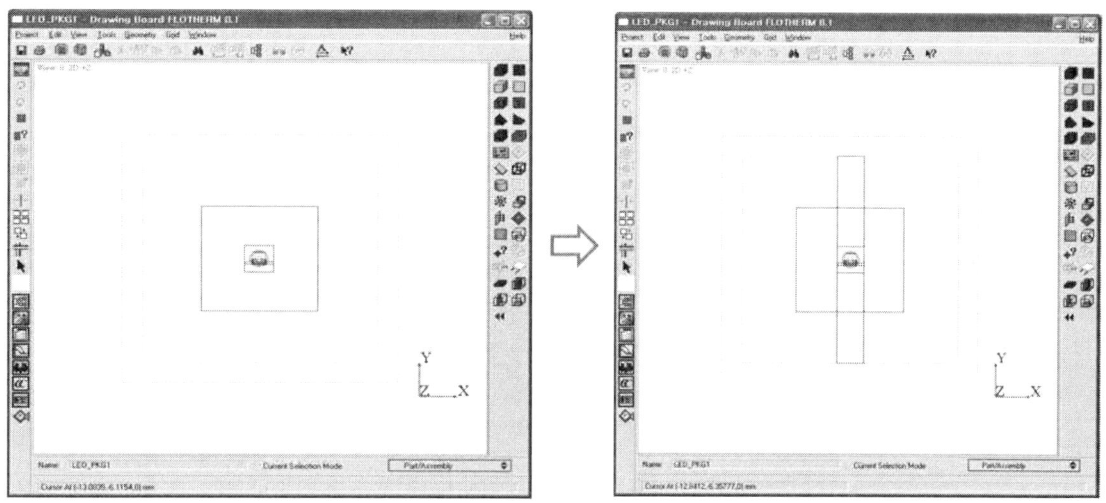

그림 3.1.20 추가적으로 완성된 PCB_pattern 3, 4

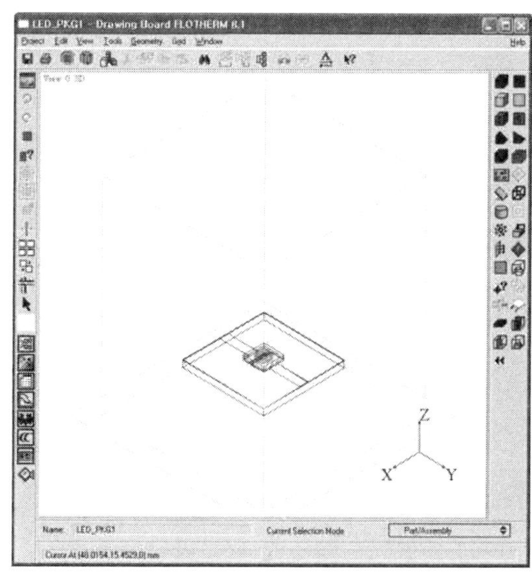

그림 3.1.21 완성된 열 해석 대상 PKG 의 모델

4. Material 및 Thermal Setting

완성된 모델의 각 개체에 소재 특성 값을 입력해야 하는 단계이다. 각 Assembly 및 개체에 맞는 소재를 설정하도록 한다. Flotherm에서 제공하는 Library는 한계가 있으므

로 표 3.1.9 음영부분은 새로 물질을 생성해서 직접 입력해야 한다.

표 3.1.9 열 해석을 위한 Material Setting

Assembly	Parts	Material	열전도도 (W/mK)
Chip_Assy	GaN	GaN	130
	Sub	Sapphire	42
	Ag_epoxy	Ag_epoxy	20
PKG_Assy	Bottom, Top	LTCC	2.0
	Pad, Via	Ag	419
	Encap	Silicone	0.5
MCPCB_Assy	Al	Al5052	137
	Dielectrics	D_Composite	2.0
	Solder	Sn/Pb	50
	Pattern	Cu	385

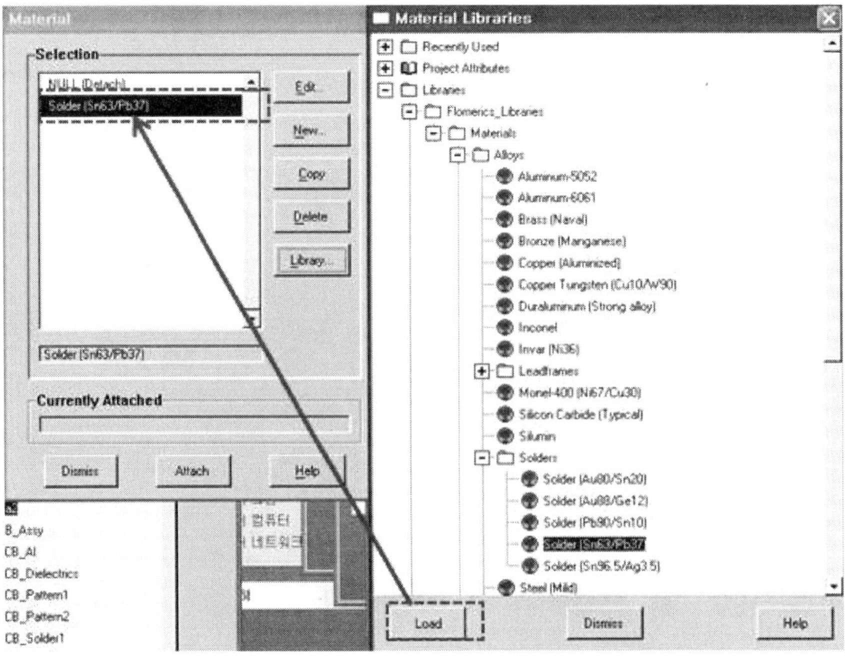

그림 3.1.22 Library에서 Material data Loading

재료를 설정하는 방법은 일단 아무 개체든지 클릭하여 활성화 한 뒤 마우스 오른쪽 버튼을 눌러 Material 메뉴로 들어간다. 메뉴에서는 이미 생성된 소재만이 들어 있으므로 그림 3.1.22와 같이 Library에서 소재를 찾아오든지 아니면 그림 3.1.23과 같이 새롭게 생성해야 하는 상황이 된다. 새로운 소재의 경우 New 로 만든 뒤 이름과 열전도도 값을 입력해주면 된다.

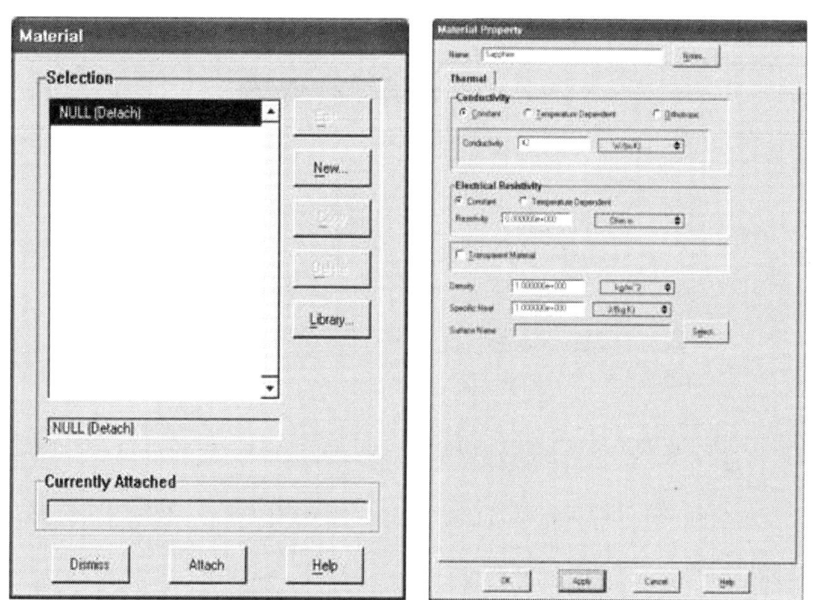

그림 3.1.23 새로운 재료의 속성 설정

각 재료에 대한 생성이 완료되면 각 개체와 1:1로 매칭 시켜 주어야 한다. 그림 3.1.24와 같이 반드시 Attach 버튼을 눌러주어 각 개체에 소재가 지정이 될 수 있도록 해준다.

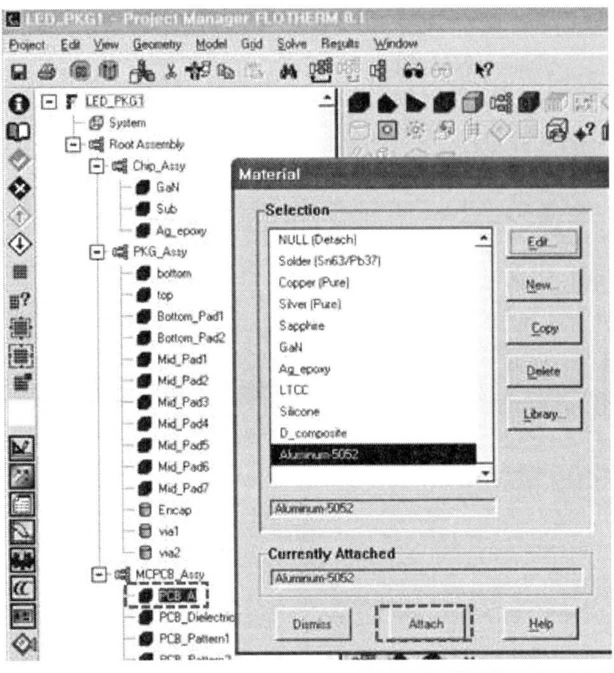

그림 3.1.24 각 개체에의 소재 값 설정

열원에 대해 발열량을 설정해 주는 방법은 본 실습에서 열원으로 생성한 GaN을 그림 3.1.25와 같이 클릭한 뒤 메뉴에서 Thermal로 들어가 재료 설정처럼 New를 눌러 새로운 창을 생성시킨 뒤 이름은 1W 로 하고 conduction을 클릭해주고, Total Power는 1W로 설정해 준다. 다시 밖으로 나와 1W를 GaN에 Attach 시키면 GaN에서 1W의 열이 계속 발생하는 것으로 설정이 된다. 또한 시뮬레이션이 진행되면서 온도 변화를 확인하기 위해 GaN에 온도의 Monitor Point를 하나 그림 3.1.25와 같이 아이콘을 눌러 설정한다. 이렇게 지정하면 시뮬레이션이 진행되면서 실시간으로 온도변화를 관찰할 수 있는 장점이 있다. 추가로 PCB_solder1에도 Monitor Point를 하나 지정해 둔다.

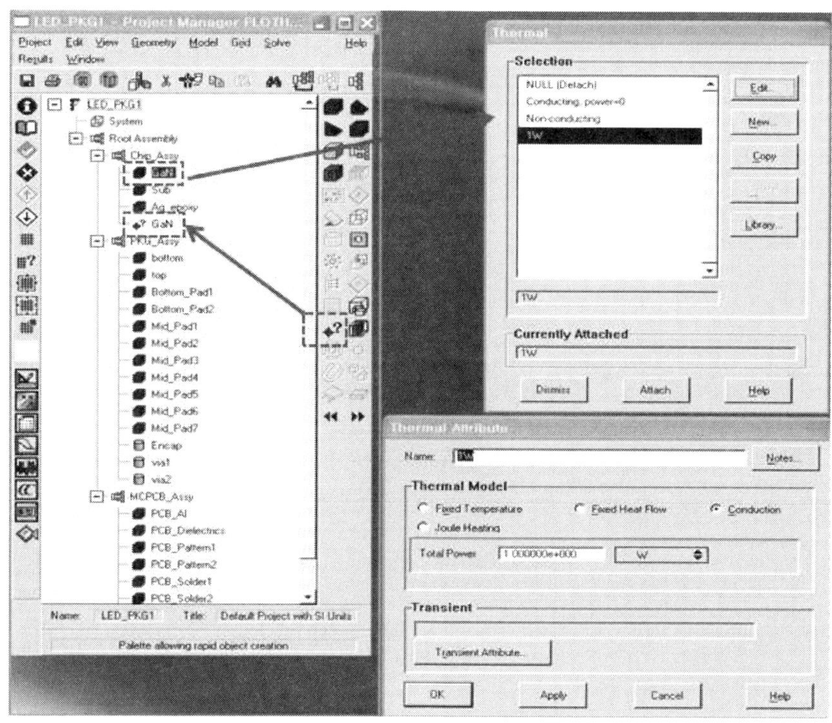

그림 3.1.25 GaN에 Thermal, Monitor Point 설정

Radiation 은 외부로 노출된 부위에서 열을 방출하는 또 하나의 중요한 메커니즘이 되므로 반드시 설정해야 한다. 일단 아무 Cuboid 하나를 클릭 후 메뉴에서 Radiation 으로 들어가서 New를 선택한 뒤 나타나는 새로운 창에서 Name은 Single, Surface는 Single Radiating을 선택한다. 그리고 각 개체 중에서 외부로 노출된 곳에 Radiation 속성(Single)을 부여하게 되는데, PKG_Assy에서는 bottom, top, Encap, MCPCB_Assy 에서는 PCB_Al, PCB_dielectrics, PCB_Pattern 3, 4가 그 대상이 된다.

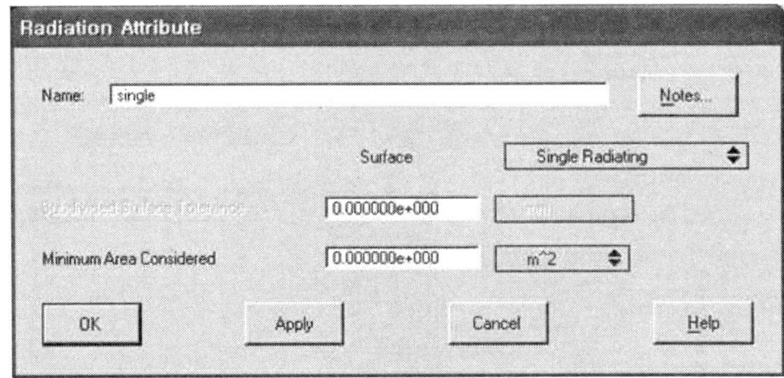

그림 3.1.26 Radiation 설정 방법

마지막으로 각 개체간의 순서를 정확한지 확인해 본다. 아래쪽에 위치한 개체와 위쪽에 위치한 개체가 공간상에서 겹쳐지게 되면 아래쪽의 개체가 우선하게 되므로 특히 주의하여야 한다. 그림 3.1.27과 같이 되어 있어야 문제가 없으므로 다시 한 번 확인한다.

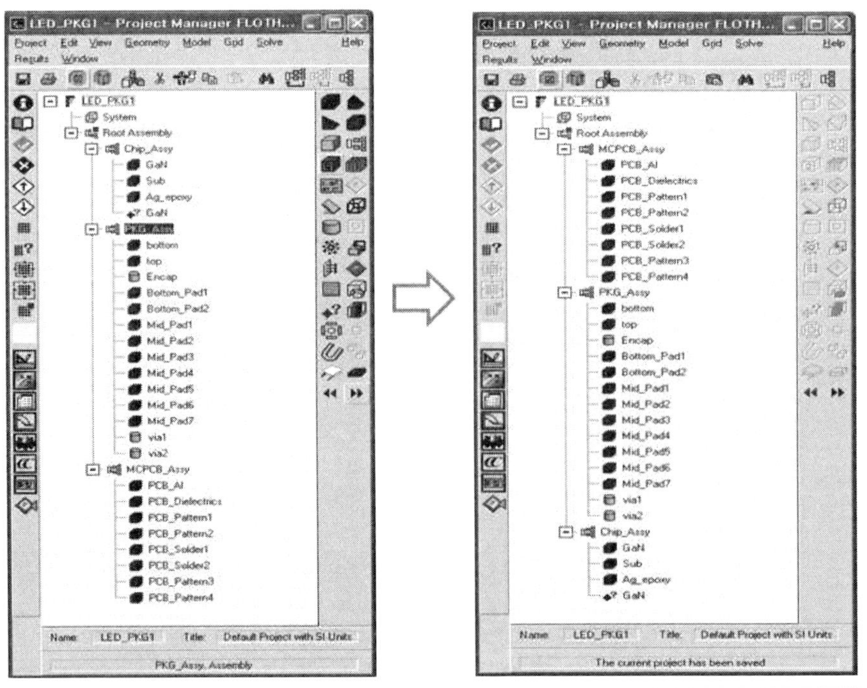

그림 3.1.27 Radiation 설정 방법

모델링이 정확하게 되어 있는지를 확인하기 위해서는 Visual Editor를 실행시키고 마우스를 이용하여 회전시키면서 확인할 수 있다. 다만, 내부에 들어있는 개체의 경우는 일단 Project Manager에서 각 개체를 클릭 후 F12를 누르면 비활성화가 되면서 그 안에 있는 개체를 확인할 수 있고 다시 shift-F12를 사용하면 개체가 활성화된다.

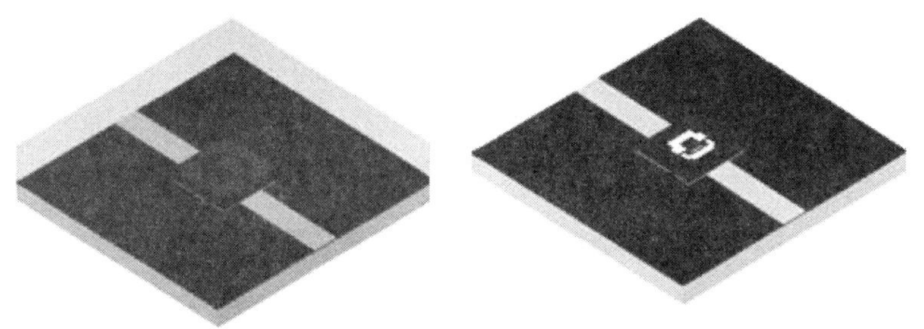

그림 3.1.28 Radiation 설정 방법s

5. Mesh(Grid) 설정

시뮬레이션의 성패를 좌우하는 것 중의 하나가 Mesh 설정이며, 어떻게 나누느냐에 따라서 결과 값의 차이가 많이 나타날 수 있다. 일단, Grid 메뉴에서 System에 들어가 1차적으로 조절할 수 있다. System Grid 메뉴에서는 Dynamic Update를 클릭하면 실시간으로 Grid 수의 변화를 볼 수 있다. 일반적으로 그냥 System Grid만 설정하면 불필요하게 많은 Mesh가 형성되므로 이를 제거해 줄 필요가 있고, 이는 Localized Grid를 이용하여 필요한 부분의 Grid만 미세하게 만들어 보다 정확도 높으면서 빠른 열 해석이 가능하도록 만들어준다.

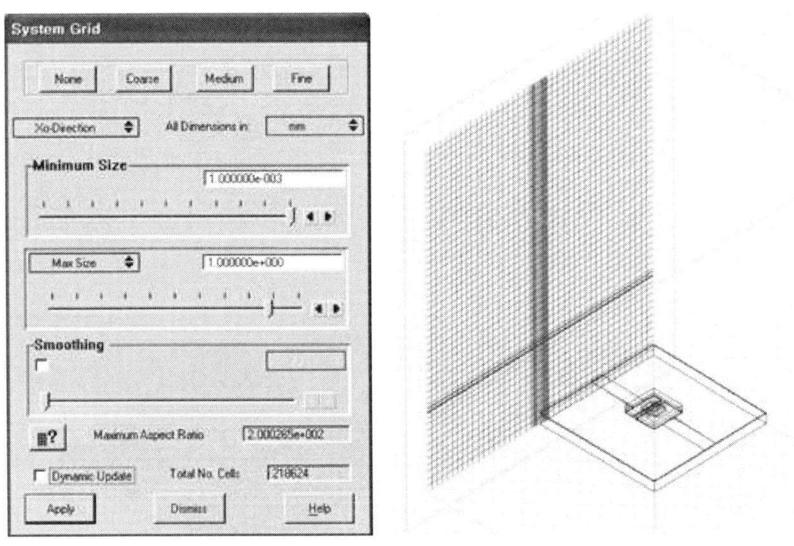

그림 3.1.29 System Grid 창 및 Drawing Board 에서의 생성 모습

일단, 각 축별로 Grid 설정을 다르게 해본다. 이는 Z축의 개체 크기가 다른 축보다 현저하게 작으므로 그 방향만 Grid를 미세하게 만들어 주기 위함이다. 각각 X, Y로는 Maximum size 1 mm, Minimum Size 0.02 mm 로 만들어준다.

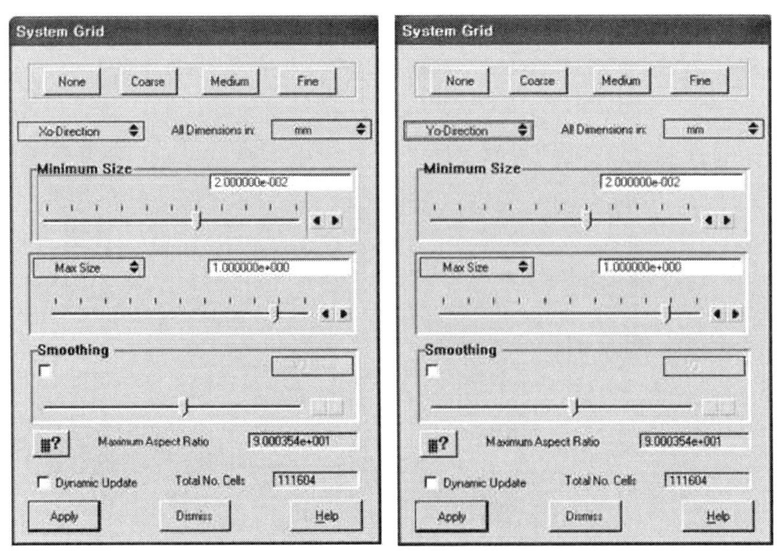

그림 3.1.30 System Grid 설정 (X, Y축)

Z축으로는 Maximum size 는 X, Y축과 동일하게 1 mm로 하고, Minimum Size 는 매우 작게 0.005 mm로 만들어준다(그림 3.1.30).

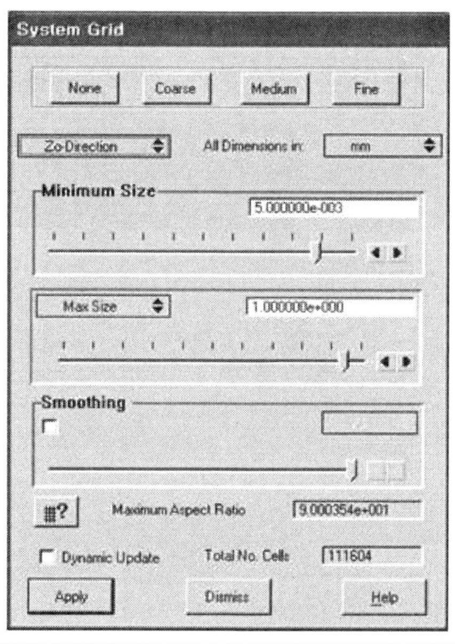

그림 3.1.31 System Grid 설정 (Z축)

Localized Grid를 만들어 주는 방법은 여러 가지가 있을 수 있지만, 본 실습에서는 Region을 설정하여 그 안의 Mesh를 보다 미세하게 나누는 방법을 실습해 보기로 한다. 먼저 그림 3.1.31처럼 Palette에서 Volume Region아이콘을 2번 클릭하여 2개의 Region을 생성한 뒤에 Project Manager에서 Localized Grid를 선택하고 나서 개체 크기 및 위치 데이터를 표 10과 같이 입력해 주면 된다. 이 때, G키를 눌러 Grid를 켜놓은 상태에서 Localized Grid를 생성하면 Dynamic하게 Grid 형태가 바뀌는 것을 볼 수 있다.

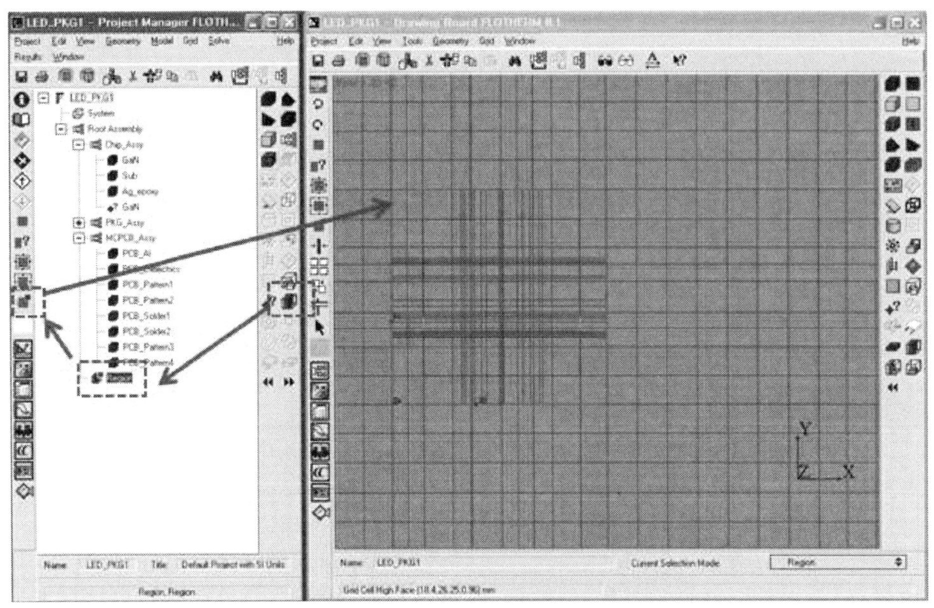

그림 3.1.32 Region 생성 및 Localized Grid 설정

표 3.1.10 Region의 위치 및 크기 수치

Cuboid name	Position			Size		
	X	Y	Z	X	Y	Z
Region1	7.5	7.5	1.5	5	5	1.2
Region2	0	0	0	20	20	4.6

모든 Mesh 설정이 완료된 후 나타나는 Grid의 형태는 그림 3.1.33과 같다. Grid의 형태가 같다면 Grid의 수도 같게 나타나며 다음에 나타나는 해석 결과도 동일하다. 하지만, Grid의 수가 다르게 나타난다면 해석 결과도 동일하지 않을 가능성이 많게 된다. 본 실습에서 최종적으로 생성되는 Grid의 수는 111,604 개다.

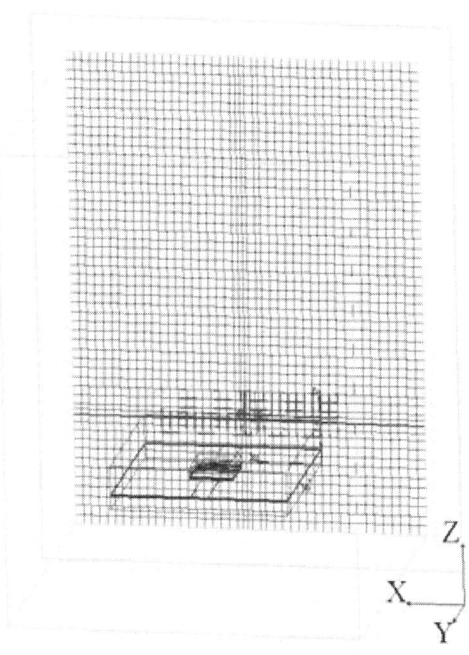

그림 3.1.33 Mesh 작업이 모두 완료된 모델 형태

6. Solve

이제 모든 해석 준비가 완료되면 그림 3.1.34와 같이 메뉴에서 Go 아이콘을 누르거나 Solve메뉴에서 다시 나타나는 Solve를 누르면 된다.

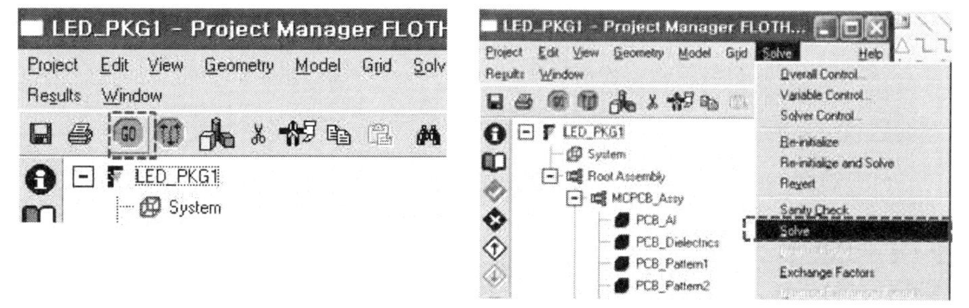

그림 3.1.34 Solve 수행 방법

해석이 진행되면서 Profile Monitor 창을 확인하면 Iteration에 따라서 수렴 여부와 온도 변화를 그림 3.1.35와 같이 관찰할 수 있다. Profile Monitor의 왼쪽 창은 각 변수들(Pressure, Velocity, Temperature)이 Iteration이 거듭되면서 수렴하는 값을 보이는가를 확인하는 창이고, 오른쪽 창은 Solve를 수행하면서 모델링할 때 지정해준 Monitor Poin과 GaN에 대하여 온도가 어떻게 변화하는 지를 관찰할 수 있다.

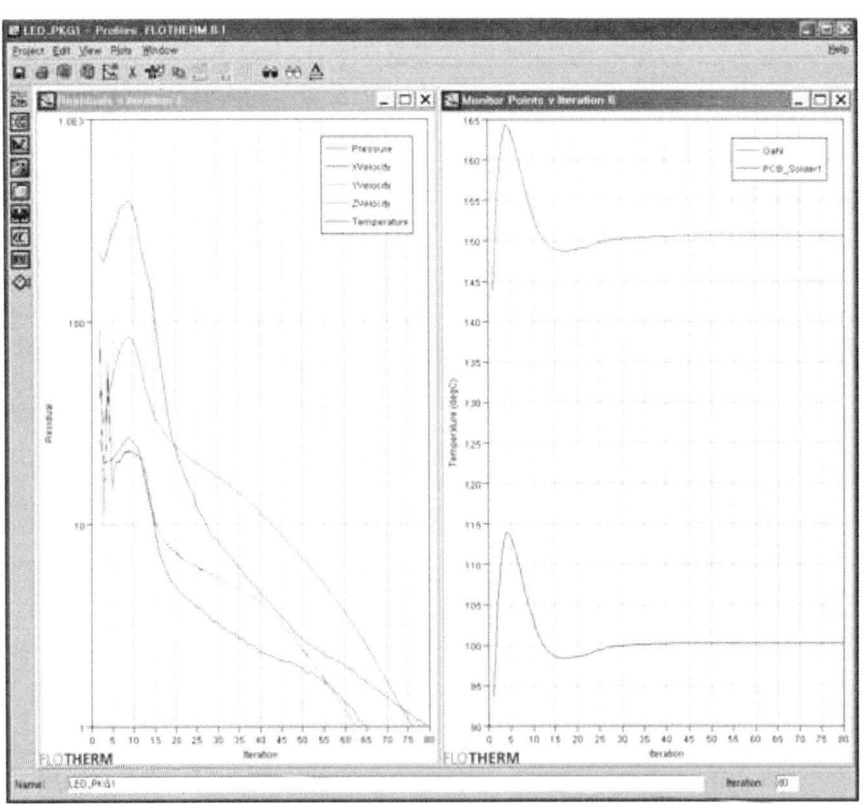

그림 3.1.35 Solve 수행 방법

7. 결과 해석

모든 해석 결과는 Visual Editor창을 띄워서 확인할 수 있으며 일반적으로 Plane View나 Surface View를 많이 사용하고 있다. Plane View 의 경우, 메뉴 창에서 Wire frame

을 설정하고 Plots에서 Plane을 생성한 뒤 X, Y, Z 축 중에 어느 축으로 할지, 위치는 어디로 할지를 선택해주면 된다. Surface View의 경우는 Surface Plot아이콘을 선택하면 되는데 만약 내부를 보고 싶으면 앞서 설명한 바와 같이 Project manager창에서 Encap을 비활성화(F12)하면 칩 표면을 직접 관찰할 수 있게 된다.

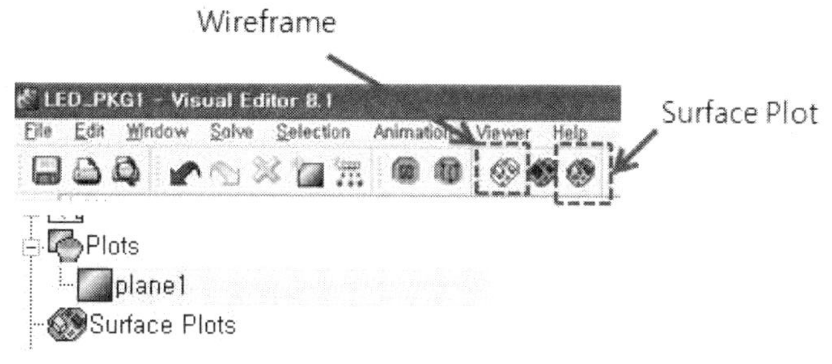

그림 3.1.36 plane view 와 Surface view 설정 방법

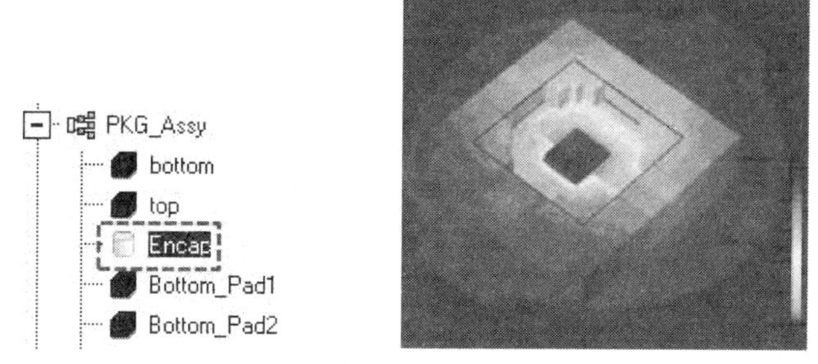

그림 3.1.37 F12 버튼에 의한 개체 비활성화 (내부 관찰)

Table Menu를 활용하면 얻고자 하는 데이터를 Table 형태로 얻을 수 있는 장점이 있고, 데이터를 한 눈에 볼 수 있다. Monitor Point의 경우도 Table을 통해 최종적으로 해석된 값부터 초기 Iteration이 진행되면서 발생한 값까지 확인할 수 있다.

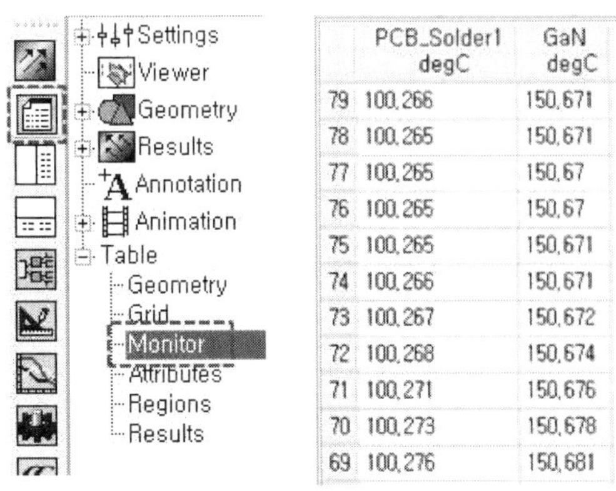

	PCB_Solder1 degC	GaN degC
79	100,266	150,671
78	100,265	150,671
77	100,265	150,67
76	100,265	150,67
75	100,265	150,671
74	100,266	150,671
73	100,267	150,672
72	100,268	150,674
71	100,271	150,676
70	100,273	150,678
69	100,276	150,681

그림 3.1.38 Solder 와 GaN 의 Monitor Point 온도 확인

제2절 LED 패키지 방열 성능 개석 및 열해석

1. Thermal Via 추가

이번 실습은 앞의 모델에서 그림 3.1.38과 같이 Package에 Ag 소재로 이루어진 Thermal Via를 Chip 아래쪽에 9개 추가하여 방열 성능이 얼마나 향상되는지를 확인하는 것이다.

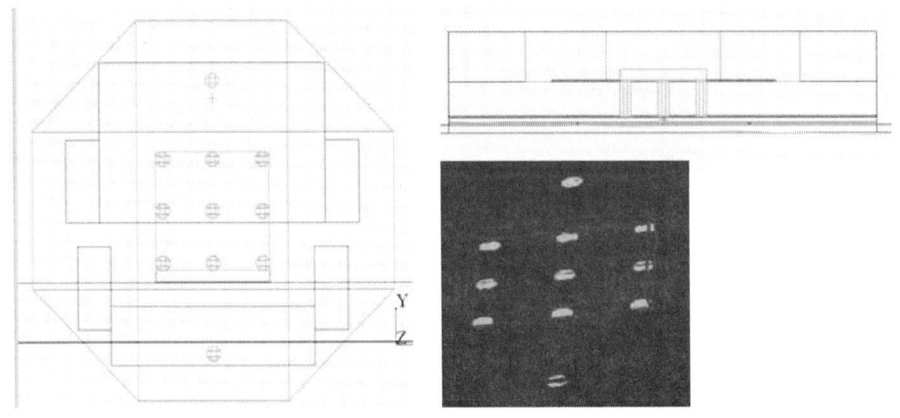

그림 3.2.1 Thermal Via 가 추가된 LED PKG Model

Thermal Via를 추가하는 방법은 먼저 앞의 Project를 다른 이름(LED PKG 1-2)으로 저장하고 PKG_Assy에 Cylinder를 추가하여 아래 표 3.2.1과 같이 입력한다. 단 Size는 기존의 Via와 동일한 값을 가지도록 한다.

표 3.2.1 Thermal Via 의 Position 값

Cylinder name	Position		
	X	Y	Z
Tvia1	2.06	2.94	0.02
Tvia2	2.94	2.94	0.02
Tvia3	2.94	2.06	0.02
Tvia4	2.06	2.06	0.02
Tvia5	2.5	2.94	0.02
Tvia6	2.5	2.06	0.02
Tvia7	2.06	2.5	0.02
Tvia8	2.94	2.5	0.02
Tvia9	2.5	2.5	0.02

열 해석을 진행한 결과는 각각 GaN : 120.1℃, Solder Point : 100.3℃ 으로 나타났다. 이 수치는 기존 모델이 GaN : 150.7, Solder Point : 100.3 인데 비해 Junction Temperature가 30 ℃ 정도 낮아져 매우 우수한 결과를 보여주고 있다.

2. PKG Heat slug 추가

이번에는 Chip 아래쪽에 Thermal Via대신에 Cu Slug를 대입하여 보다 효과적인 방열이 가능하도록 한 모델로 열 해석을 하도록 한다. 먼저 LED PKG1 모델을 다시 LED PKG 1-3 으로 다시 저장하고, 그 다음 Process를 진행하도록 한다. 순서는 먼저 PKG_Assy 의 via1을 copy 및 PKG_Assy Assembly 에 paste 시킨다. 그리고 그

이름을 Heat slug 로 변경하고, Align 을 적절히 활용하여 chip 아래에 위치시킨다. 이 때, Construction Radius를 0.5 mm로 변경하며, 소재 특성은 Material 에서 Pure Copper를 선택하고 Attach 한다. 단, 기존 소재가 Ag로 되어 있다면 Cu로 변경하도록 한다. Heat slug의 Position은 각각 X=2.5, Y=2.5, Z=0.02로 입력한다. 열 해석 뒤 나온 결과는 GaN : 110.8 ℃, Solder Point : 100.4 ℃ 의 값을 보인다.

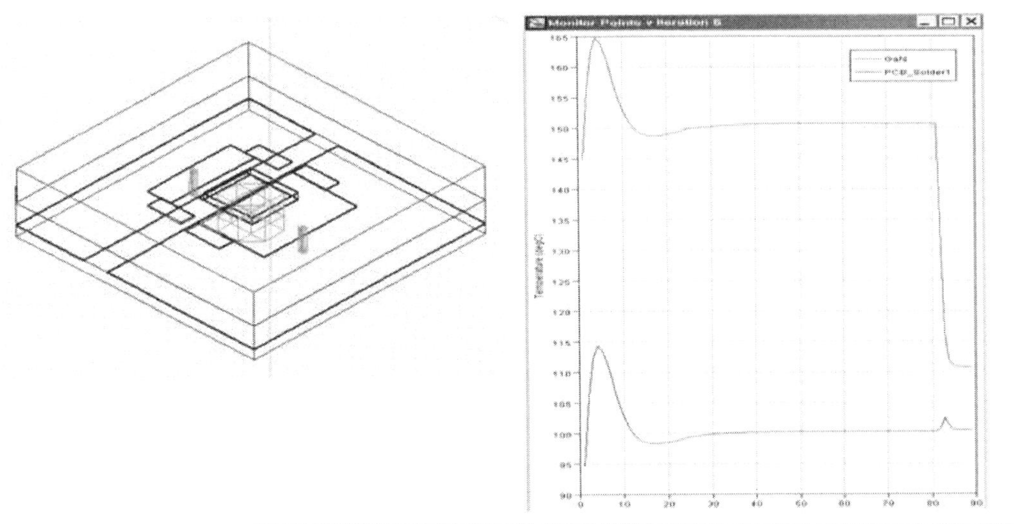

그림 3.2.2. Heat slug 추가에 의한 LED PKG 열 해석 모델 및 결과

3. PKG Dielectrics 열전도도 변화

LED 조명에서 주로 사용하는 MCPCB는 기존 PCB 에 비해서 유전체의 열전도도를 상승시킨 소재인데, 이 열전도도가 변환하면 LED Junction 온도가 얼마나 떨어지는지를 확인해보는 실습이다. 열전도도는 0.3, 2, 10, 20, 30 W/mK로 하기로 한다. 먼저 LED PKG1 파일을 LED PKG1-4로 바꾸어 저장한다. 그리고 모델의 변경은 없고 재료 속성만 변경하면 되므로 재료 속성에 들어가서 New를 선택한 뒤 열전도도 값만 0.3, 10, 20, 30 W/mK를 생성하도록 한다. 그 뒤, 그림 3.2.3과 같이 Command Center를

클릭하여 들어가면 변수로 설정할 유전체에 대해서 조금 복잡한 작업을 수행하게 된다. Root Assembly를 먼저 열고 PCB_dielectrics의 Material을 클릭한다. 그리고 Use as input variable in Senario에 체크 표시를 하고, 다시 Output variable page에서 PCB_solder1, GaN (temperature)를 지정해 준다(그림 3.2.3). Senario table에서 Go 버튼을 누르면 열 해석이 수행되는데, 수행되는 진행사항은 실시간으로 확인이 가능하다(그림 3.2.2).

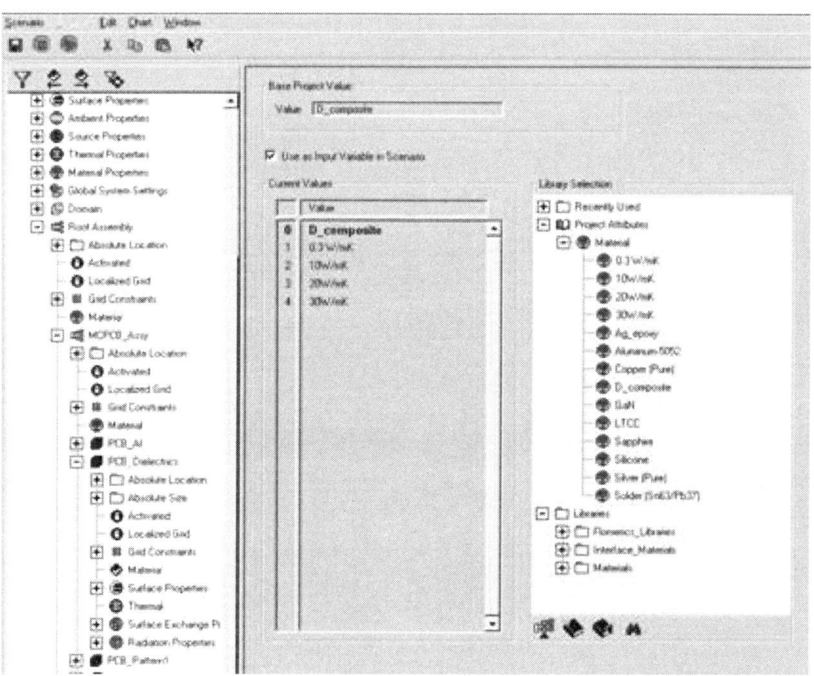

그림 3.2.3. Command Center 실행 및 변수 지정

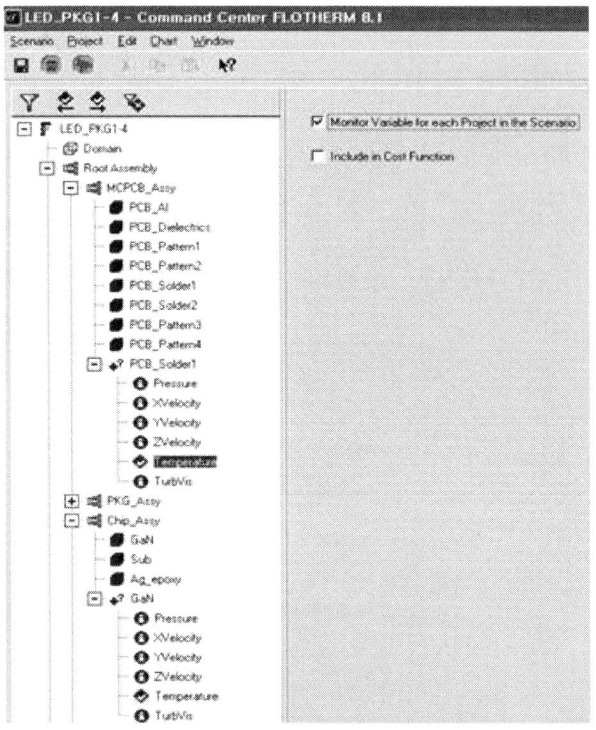

그림 3.2.4. Monitor Point 설정

LED_PKG1-4 - Command Center FLOTHERM 8.1

Scenario Project Edit Chart Window

	0	1	2	3	4
PCB_Dielectrics : Material	D_composite	0.3W	10W	20W	30
Solution Status	Solved-Converged	Solved-Converged	Solved-Converged	Solved-Converged	Solved-Converged
Store Results?	Full	History Only	History Only	History Only	History Only
Initialize From	-1	0	0	0	0
Priority	0	5	5	5	5
PCB_Solder1 : Temperature (degC)	100.4	113.4	97.14	96.57	96.35
GaN : Temperature (degC)	110.8	124.6	106.2	105.2	104.7

그림 3.2.5 열 해석 진행 결과 확인

4. TIM, Heat sink 추가

일반적인 LED모듈은 MC PCB 아래에 TIM과 Heat sink 가 추가된 형태로 나온다. 따라서 TIM과 Heat sink를 추가로 한 구조에서 열 해석을 해보도록 한다. 먼저 Heat slug

추가한 파일을 다른 이름으로 저장 (LED PKG1-5)하고, Root Assembly 아래에 Heat sink Assembly 추가한다. 그리고 TIM block, Heat sink smart part를 추가하고 나서, Material 속성은 Library 에 존재하는 소재이면 가져다가 추가하면 된다. 이 결과를 제공하는 업체의 Spec. Sheet를 비교해 보면 Library와 얼마나 잘 일치하는지를 알 수 있다.

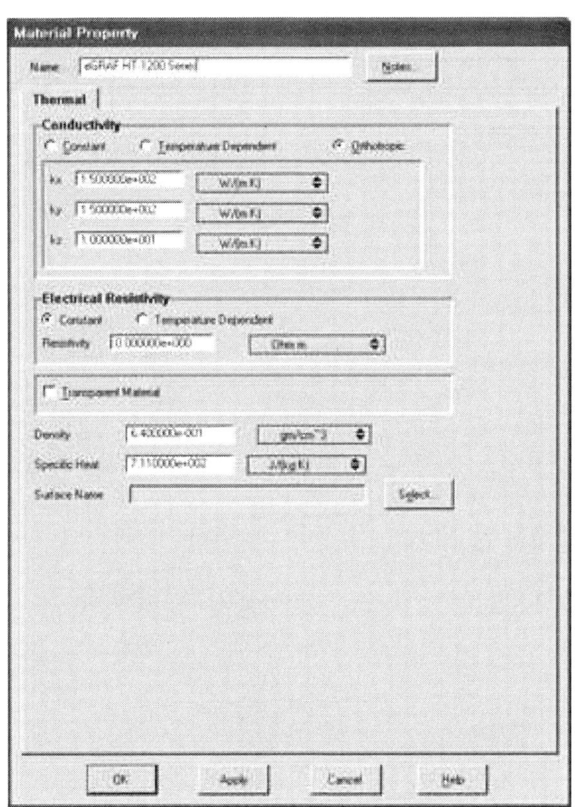

그림 3.2.6 소재의 Library Data

본 실습에서 사용된 TIM 소재는 eGRAF의 HT-1200 Series의 TIM 소재로서 Spec sheet의 수치와 Library에서 얻은 수치가 잘 일치하고 있음을 확인 할 수 있다.

TECHNICAL BULLETIN 318

eGRAF HITHERM Natural Graphite

- Thickness Tolerance: +/- 5% (0.010" thick material), +/- 10% (0.005" thick material)
- Flammability Rating: UL 94V-0
- Operating Temperature: -40 to 400°C (700 and 1200 SERIES), -25 to 125°C (2500 SERIES)
- Coefficient of Thermal Expansion (In-Plane): -0.4 x 10^{-6} m/m °C
- Coefficient of Thermal Expansion (Through Thickness): 27.0 x 10^{-6} m/m °C
- Specific Heat: 711 J/kg °C
- Electrical Resistivity (In-Plane)[5]: 10 μΩm
- Electrical Resistivity (Through Thickness)[5]: 15000 μΩm

	HT-700 SERIES			HT-1200 SERIES			HT-2500 SERIES	
	HT-705	HT-710	HT-720	HT-1205	HT-1210	HT-1220	HT-2505	HT-2510
Thickness Tolerance	+/- 10%	+/- 5%	+/- 5%	+/- 10%	+/- 5%	+/- 5%	+/- 10%	+/- 5%
Tensile Strength (ASTM F-152)	715 psi (4900 kPa)	715 psi (4900 kPa)		270 psi (1800 kPa)	470 psi (3200 kPa)	470 psi (3200 kPa)	215 psi (1400 kPa)	270 psi (1800 kPa)
Thermal Resistance[4] @ 100 kPa (14.5 psi) (1 bar)	0.44 cm² °C/W	0.84 cm² °C/W		0.32 cm² °C/W	0.54 cm² °C/W	0.98 cm² °C/W	0.19 cm² °C/W	0.25 cm² °C/W
Thermal Resistance[4] @ 700 kPa (100 psi) (6.9 bar)	0.24 cm² °C/W	0.37 cm² °C/W		0.10 cm² °C/W	0.27 cm² °C/W	0.56 cm² °C/W	0.07 cm² °C/W	0.12 cm² °C/W

Grade	HT-700 SERIES			HT-1200 SERIES			HT-2500 SERIES	
	HT-705	HT-710	HT-720	HT-1205	HT-1210	HT-1220	HT-2505	HT-2510
Thickness (in)	0.005"	0.010"	0.020"	0.005"	0.010"	0.020"	0.005"	0.010"
Thickness (mm)	(0.127mm)	(0.254 mm)	(0.508 mm)	(0.127mm)	(0.254 mm)	(0.508 mm)	(0.127mm)	(0.254 mm)
Material	Natural Graphite			Natural Graphite			Natural Graphite with Polymer Additive	
Typical[1] Thermal Conductivity (Through Thickness)[2]	6.0 W/m-K			10.0 W/m-K			16.0 W/m-K	
Typical[1] Thermal Conductivity (In-Plane)[3]	240 W/m-K			150 W/m-K			120 W/m-K	

그림 3.2.7. eGrRAF 의 TIM Spec. Sheet

TIM과 Heat sink의 Position과 Size는 표 3.2.2와 같이 입력하면 되고, 이 때 TIM은 일반 Cuboid를 생성하여 Dimension을 입력하면 되지만 Heat sink는 Heat sink Smart Parts를 선택해서 위치는 표 3.2.2와 같이 입력하되 Heat sink의 세부 구조는 그림 3.2.8과 같이 입력한다.

표 3.2.2 TIM 과 Heat sink 의 Position, Size 값

Cuboid name	Position			Size		
	X	Y	Z	X	Y	Z
TIM	0	0	-0.25	20	20	0.25
Heat Sink	0	20	-0.25	20	20	4.6

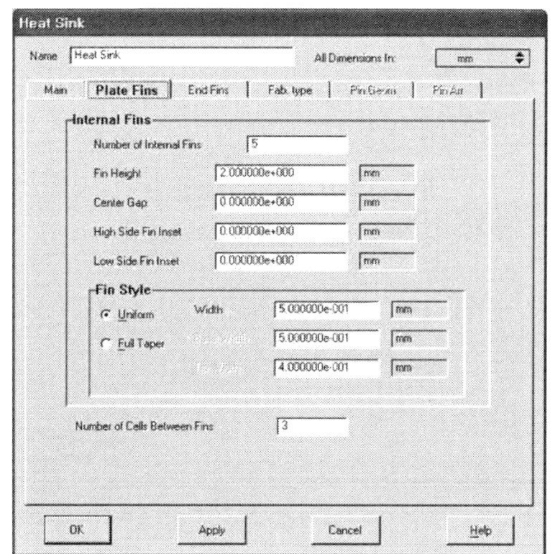

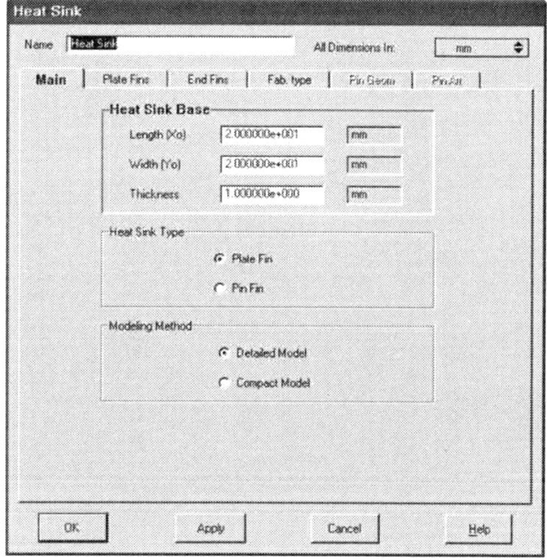

그림 3.2.8 Heat sink 의 구성 요소 및 수치

이 때, End Fin Style : As internal, Method of Fabrication 은 (Extruded/Cast)을 입력하면 되는데, 열 해석 결과 GaN : 101.6℃, Solder Point : 91.3 ℃의 값을 가짐을 알 수 있다.

5. 광 출력 고려한 열 저항 해석 결과 보정

LED의 경우 기존의 반도체와는 달리 입력 전력이 모두 열로 바뀌는 것이 아니고 실제로는 80% 정도만이 열로 변화되고 나머지는 빛으로 바뀌게 된다. 따라서 시뮬레이션에서 Heat Source값을 Optical Output을 고려하고 변경시켜 주어야 한다. 0.2W가 광출력으로 변환되었다고 가정하면, Thermal 속성에서 GaN의 값을 1W에서 0.8W로 변경시켜 주어야 한다. 앞서 실습한 각각의 결과를 다른 Project File로 변경해 준다. LED PKG1은 LED PKG 1-6으로, LED PKG 1-2는 LED PKG 1-7로 그리고 LED PKG 1-3는 LED PKG 1-8으로 다시 저장하고 나서 GaN Thermal 특성을 1W 0.8W로 변경 후 열 해석을 실시하고 GaN 과 Solder Point 의 Monitor Point 간의 차이를 비교하여 열 저항 측정 결과와 대조해 본다. 결과적으로 시뮬레이션과 열 저항 측정값과 큰 차이가 없음을 알 수 있다.

표 3.2.3 시뮬레이션과 열 저항 측정값과의 비교

	시뮬레이션(℃)	열저항 측정(℃)	오차(℃)
Normal	40.3	38.8	1.5
Thermal Via	15.9	16.25	-0.4
Cu slug	8.28	8.75	-0.47

| 제4장 |

LED 패키지 방열 특성 평가

제1절 개요

반도체 제품은 인가되는 Power를 열로 소비하는 특성을 가지고 있다. 그러므로 열을 잘 방출시킬 수 있다면 사용할 수 있는 power의 양을 높일 수 있기 때문에, 모든 반도체 제품은 재료, 구조, 형상을 열 방출에 유용하도록 제작되고 있다. 특히 인가된 Power를 열 뿐 아니라 광(light)으로도 소비하는 LED의 경우, 열 방출을 효율적으로 관리할 수 있다면 인가된 Power에서 광(light)으로 사용되는 양을 늘릴 수 있다. 즉, 광 효율을 높일 수 있는 것이다. 반도체나 LED 패키지에서 외부로 얼마나 열을 잘 방출시킬 수 있는가 하는 특성이 기본적인 전기적, 광학적 특성과 함께 가장 중요한 인자가 되고 있는 것이다. 20세기 후반 들어 급격히 진행되고 있는 전자기기의 소형화, 고성능화는 필요한 Power의 양은 급격히 늘어남에 반해, 이를 소화해낼 수 있는 패키지의 디자인 마진은 급격히 줄고 있다. 이제 열 방출을 효율적으로 관리하는 문제는 제품의 전기적·광학적 특성 뿐 아니라, 제품의 수명, 제품의 신뢰성 등에 영향을 미치는 요인이 되었다. 특히 LED 제품은 LED가 사용되는 온도에 따라 인가된 Power가 열과 광(light)으로 소비되는 비율이 틀려지게 되는데, 만약 제품의 열 방출 능력이 떨어진다면 동일 정격이라도 광 효율이 떨어져서 제품의 경쟁력과 직결되는 문제를 일으킬 수도 있다.

본 교재에서는 반도체 및 LED 패키지에서 열 방출 관리의 중요성을 살펴보고, 열 방출 능력을 지수화한 열 저항의 개념을 통해 패키지에서의 열 방출이 Power와 Junction 온도(T_j)에 어떻게 영향을 미치는지 알아보도록 하겠다. 또한 열 저항을 측정하는 방법과 측정의 근거가 무엇인지 소개하고, 어떻게 이 열 저항 값을 패키지 디자인 및 set업체에서 사용할 수 있는지 소개하도록 하겠다.

제2절 본론

1. 패키지 열 방출 관리의 중요성

서론에서 언급했듯이, 반도체 및 LED 패키지에서 제품의 열 방출 능력은 제품의 성능 뿐 아니라 수명 및 신뢰성에 영향을 미친다.

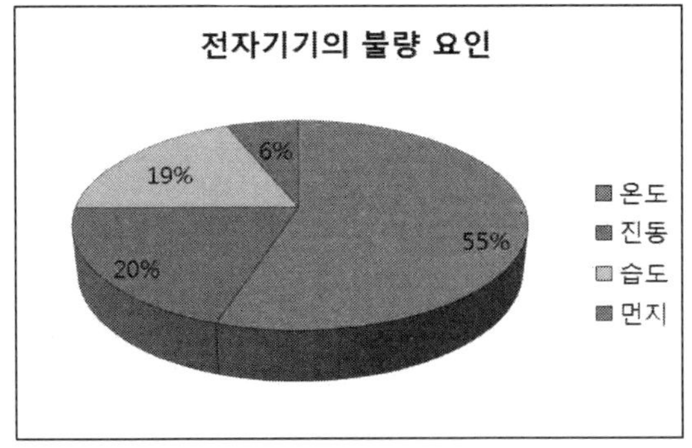

그림 4.2.1 전자기기의 주 불량 요인

반도체 제품의 주 불량 mode를 보여주는 그림 1을 보면 55% 이상이 열에 기인한 불량이다. 이 데이터는 10여 년 전의 데이터로 현재는 이 보다 더 높은 수준이라고 볼 수 있다. 결국 패키지에 인가된 Power가 열로 소비될 때, 이 열을 잘 방출시키지 못하거나 방출을 시키더라도 시간이 오래 걸린다면 패키지 내에 잔존하는 열은 패키지의 불량률을 높이는 가장 중요한 원인이 된다. 이렇게 패키지 내에 잔존하는 열, 특별히 Junction(T_j)에 잔존하는 열은 반도체 패키지의 특성 뿐 아니라 수명에 치명적인 영향을 미친다.

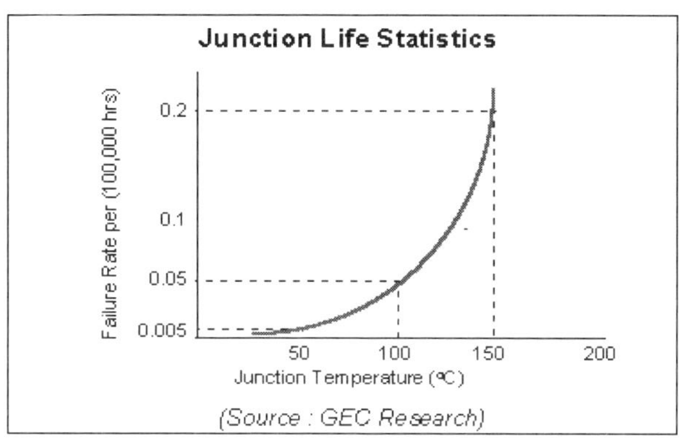

그림 4.2.2. Junction 온도와 수명과의 관계

반도체의 Junction 온도와 수명의 관계를 나타내는 그림 4.2.2를 보면 Junction의 온도가 50℃에서 100℃로 2배 증가하면 Junction의 수명, 즉 반도체의 수명에 관련된 불량률은 10배 이상으로 급격하게 증가하는 것을 볼 수 있다. 특히 Junction수명의 임계 온도, 여기서는 150℃이상을 지나면 불량률은 무한대로 증가하게 된다. 반도체뿐만 아니라, 21세기 녹색 혁명의 주역 중 하나로 각광을 받고 있는 LED 제품의 경우도 Power 인가 시 발생하는 열을 방출시키는 능력이 LED 제품의 수명, 성능, 신뢰성 등에 큰 영향을 미친다. 일반 반도체 제품이 모든 power를 열로 소비하는 반면에 LED 제품은 열과 광(Light)으로 소비한다. 특히나 인가되는 power에서 광(light)으로 소비되는 부분은 제품에 따라 차이가 있지만 겨우 10~30% 수준 밖에 되지 않는다. 이는 LED의 이용 측면에서 보면 power의 효율이 많이 떨어진다고 할 수 있다. 만약 인가된 Power에서 열로 소비되는 부문을 10% 정도 줄일 수 있다면 LED 의 광 효율은 100% 이상 높일 수도 있을 것이다. LED의 광 효율을 높이기 위해 Device(Chip) 측면에서 다양한 연구가

진행되고 있지만, 발생된 열을 잘 방출시키는 것도 광 효율을 높일 수 있는 좋은 방법이다. 이 뿐 아니라 LED에서 방열은 LED 의 수명, 신뢰성, 광 효율, 광 특성 등에 영향을 미치는 중요한 요소라 할 수 있다.

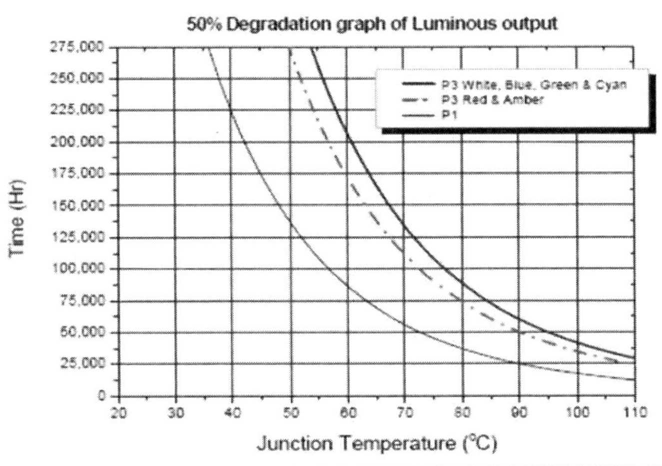

그림 4.2.3 LED Junction 온도와 수명과의 관계 (출처 : 서울 반도체)

LED junction 온도와 수명과의 관계를 보여주는 그림 4.2.3을 보면 P1 제품인 경우, Junction 온도가 40℃에서 60℃로 50% 증가하면 그 수명이 225,000hr에서 약 82,000hr으로 급격하게 줄어드는 것을 볼 수 있다. 또한 LED의 Junction 온도가 증가할수록 Luminous Flux가 줄어드는 것도 그림 4.2.3에서 볼 수 있다.

이처럼 반도체 및 LED 패키지에서 열 방출을 관리하는 것, 즉 Junction의 온도를 관리하는 것은 제품의 성능, 수명, 신뢰성에 영향을 미치는 아주 중요한 요소라는 것은 누차 강조해도 부족함이 없는 일이다. 그런데, 최근의 반도체 및 LED 의 경향은 보다 높은 Power를 소비할 수 있도록 요구되어 지고 있고, 이는 결국 패키지를 개발하는 입장에서 열 방출에 대한 커다란 짐을 준 것이라 할 수 있다.

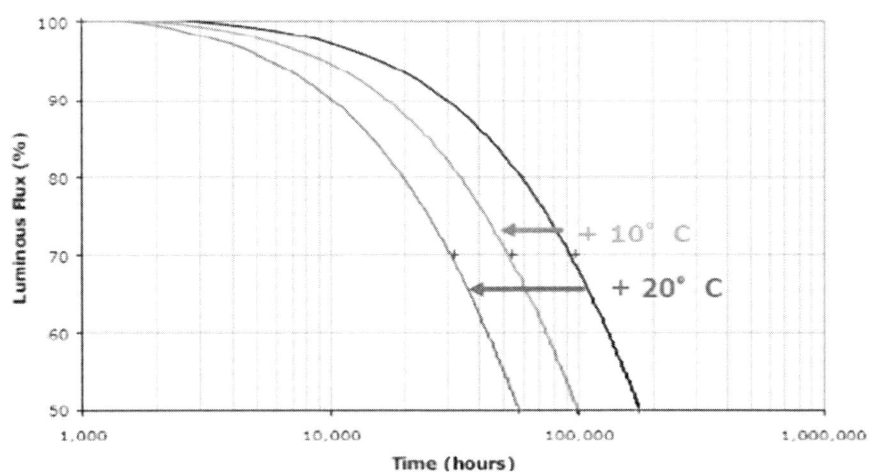

그림 4.2.4 LED Junction 온도와 Luminous Flux의 관계
(출처 : the Arrow Electronics Lighting Group)

1965년 인텔의 창시자인 고든 무어박사는 반도체 정보 기억 량은 18개월 ~ 2년 주기로 2배로 늘어난다는 발표를 하였고, 현재의 반도체 제품은 이 무어의 법칙을 쫓아가며 Power용량이 늘어나고 있다고 해도 과언이 아니다. 그 무어의 법칙을 충실히 쫓아가고 있는 것이 인텔의 CPU이다.

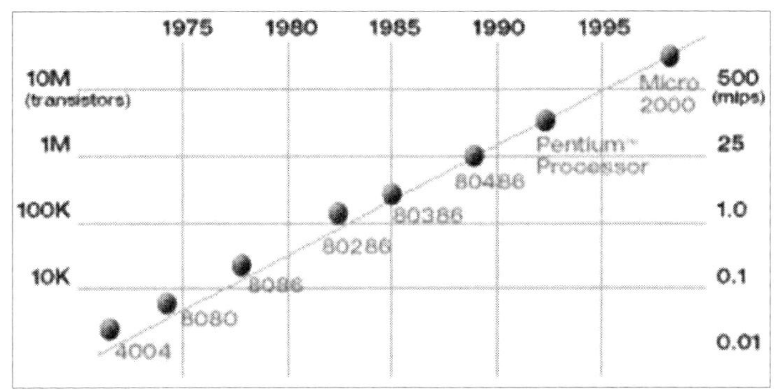

그림 4.2.5 Intel CPU 개발 trend (출처 : www.intel.com)

일반 반도체 제품도 그림 4.2.6에서 보는 것과 같이 power의 요구량이 꾸준히 늘

고 있고 LED의 경우도 최근에는 수십 W급 이상의 제품들이 개발되어 시장에 나오고 있는 형편이다.

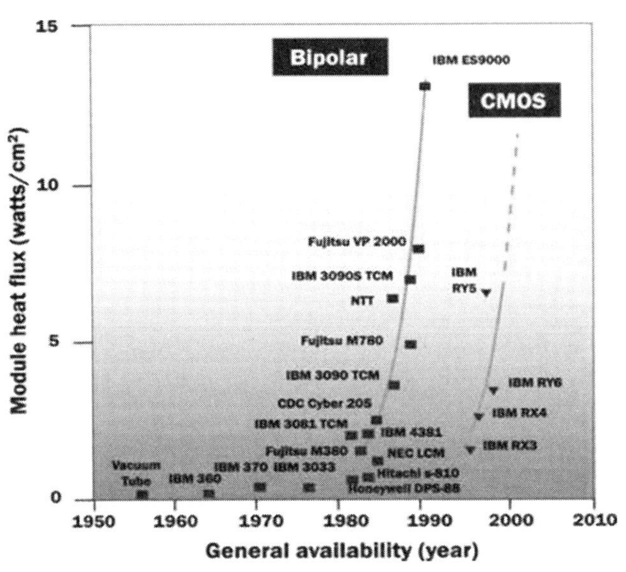

그림 4.2.6 Power Dissipation Trend (출처 : www.electronics-cooling.com)

이처럼 시장은 더 높은 power의 소비를 요구하고 있는데 반해, 반도체 및 LED 패키지와 응용 제품들의 size는 경박 단소 (Light, thin, short and small) 해지고 있다. 즉 패키지를 개발하는 입장에서는 power소비를 위해서는 패키지의 size를 키우는 것이 가장 좋은 방법 중 하나이지만 시대의 흐름은 오히려 size가 줄어들고 있기 때문에 더욱 더 열 방출에 대한 관리가 중요하게 되었다. 패키지의 열 방출 능력을 나타내는 지수인 열 저항을 측정하여 개선, 개발 업무에 적용하는 것이 제품의 경쟁력이 되고 있다.

2. 열 저항의 개념 및 정의

반도체 및 LED의 방열 능력을 나타내는 지수인 열 저항은 소비되는 Power 그리고 Junction의 온도(T_j)와 연관이 있다. 패키지의 열 저항이 낮을수록 Power를 높게 소비할 수 있는 제품이고, Junction의 온도(T_j)를 낮게 사용할 수 있는 제품이다. 여기서 말하고 있는 열 저항이란 개념은 기본적으로 전기 저항에서 그 개념을 빌려온 것이다.

$$R = \frac{\Delta V}{i} = \frac{V_2 - V_1}{i} \qquad R_{th} = \frac{\Delta T}{P} = \frac{T_1 - T_2}{P}$$

그림 4.2.7 전기 저항과 열 저항의 비교

그림 4.2.7에서 보듯이 우리가 알고 있는 전기 저항은 V_1, V_2 양단에 전위차가 있을 때 이 전위차간을 흐르려고 하는 전류의 흐름을 방해하는 것이다. 이 전기계의 개념을 열 계에 그대로 적용하면, T_1, T_2 양단에 온도차이가 있을 때 이 온도차간을 흐르려고 하는 열량, 즉 Power의 흐름을 방해하는 것을 열 저항이라 한다. 그림 4.2.8의 열 저항의 개념은 반도체 및 LED 패키지의 열 방출을 이해하는 가장 근간이 되는 중요한 개념이다. 이를 패키지 상황으로 표현하면 다음과 같이 정의할 수 있다.

$$R_{jx} = \frac{\Delta T}{P} = \frac{T_j - T_x}{P}$$

그림 4.2.8 열 저항의 정의

Junction에서 발생한 열(T_j)이 외부의 임의의 reference 지점까지(T_x) 방출될 때, 열량의 흐름을 방해하는 것이 열 저항 R_{jx}[℃/W]이다. 열 저항의 단위를 살펴보면 이 개념이 단위 Power당 온도의 변화량임을 알 수 있다. 즉 패키지에 1W를 인가했을때 온도는 몇 도가 변하는가를 나타내는 지수라 할 수 있다. 그러므로 열 저항이 낮다고 하는 것은 그림 4.2.8의 열 저항의 정의에서 보아도 Power를 높이 쓸 수 있다는 것을 알 수 있다. 이 열 저항의 개념이 패키지에서 성립할 때는 몇 가지 전제 조건이 있다. 첫째는 T_j에서 발생한 열은 T_x로만 방출되어야 한다는 것이고 둘째는 T_j와 T_x는 그 자체로 열적으로 평형한 상태를 가지고 있어야 한다는 것이다. 이러한 전제를 구현할 수 있는 측정 환경을 갖추어야 열 저항을 측정할 때 정확한 값을 유출할 수 있다.

그림 4.2.9의 P는 패키지의 Device에 인가된 전류와 전압의 곱으로 그 단위는 Watt (W) 이고 Multimeter와 같은 측정기로 측정을 할 수 있다. T_j는 Junction의 온도를 나타내고 그 단위는 ℃이다. 눈에 보이지 않는 Junction의 온도를 측정하는 법은 아래 열 저항 측정 방법에서 자세히 다루기로 하겠다. T_x는 기준이 되는 임의의 지점의 온도(℃)를 말하는데 이는 Thermocouple 등을 사용하여 측정할 수 있다. 이 T_x 기준점으로 패키지에 존재하는 열 저항의 heat path를 알 수 있다. 예를 들어 T_x 의 지점이 case point 라면 전체 열 저항의 정의는 로 표현할 수 있다. 이 R_{jx}의 표현은 T_x 지점에 따라 달라질 수 있는데, 그림 4.2.9와 같은 R_{ja}, R_{jl}, R_{jb}, R_{jt} 등이 그것이다.

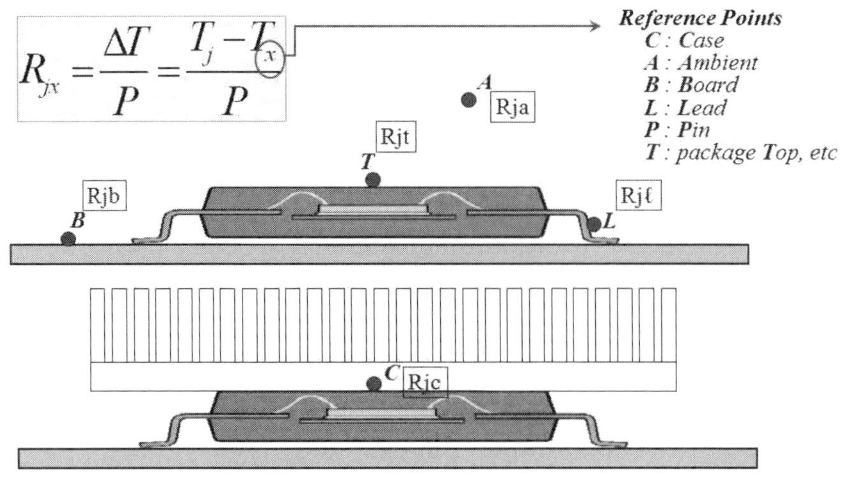

그림 4.2.9 Notations for Various Thermal Parameters

반도체 및 LED 패키지는 이러한 각각의 partial 한 열 저항 값이 직병렬로 연결된 값이라 할 수 있다. 즉 패키지 전체의 열 저항 값은 그림 4.2.10과 같이 표현할 수 있다.

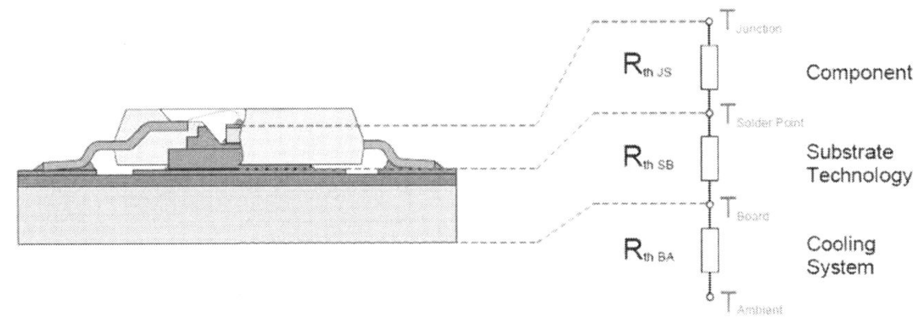

그림 4.2.10 Thermal Resistance Series Configuration (출처 : Osram)

즉, 전체 열 저항 값인 라고 할 수 있다. 이는 Junction에서 Solder point까지, Solder point에서 Board까지, Board에서 Ambient까지의 각각의 열 저항 값의 직렬연결 값이다. 업계에서 가장 널리 사용되는 표현은 R_{ja}와 R_{jc}로 이는 다음과 같은 의미를 담고 있다.

$$R_{ja} : Junction - to - Ambient\ Thermal\ Resistance$$

$$R_{jc} : Junction - to - Case\ Thermal\ Resistance$$

열 저항의 정의에서 기본적인 전제 조건은 인가된 Power 모두 열로 소비된다는 것이었다. 그러나 LED의 경우에는 인가된 Power가 주로 열로 소비되지만 약 10~30% 정도는 광(light)으로 소비된다. 그러므로 LED의 경우, 정확한 열 저항을 측정하여 열 특성을 평가하기 위해서는 광(light)으로 소비되는 광 출력에 대한 처리가 필요하다. 기본적인 열 저항의 정의에서 Power는 인가된 Electrical Power이다. LED의 경우 drive current를 흘려주면 Diode 양단에 Voltage가 걸리게 되고, drive current와 Voltage를 곱하면 그것이 Electrical Power이다. LED의 열 저항을 평가하기 위해서는 Electrical Power($P_{electrical}$)에서 광으로 소비된 Power($P_{optical}$)를 뺀 순수하게 열로 소비된 Power ($P_{thermal}$)만을 이용하여야 한다. 그러므로 LED의 정확한 열 저항은 아래의 식과 같이 정의할 수 있다.

LED 패키지의 광 효율이 낮아서 광으로 소비되는 Power($P_{optical}$)를 무시할 수 있는 정도이면 $P_{optical}$를 고려한 열 저항이나 고려하지 않은 열 저항이나 큰 차이가 없으나 고출력 LED 패키지의 경우에는 광으로 소비되는 Power($P_{optical}$)를 무시할 수 없기 때문에 반드시 고려해야만 정확한 열 특성을 분석할 수 있다.

열 저항과 Power 그리고 Junction 온도(T_j)와의 관계를 살펴보기 위해 열 저항의 정의를 다음과 같이 표현할 수도 있다.

$$R_{jx} = \frac{T_j - T_x}{P} \text{ 는,}$$

$$P = \frac{T_j - T_x}{R_{jx}} \text{와 } T_j = R_{jx} \times P + T_x$$

여기서 알 수 있는 것은 열 방출 능력을 표현하는 열 저항이라는 지수는 결국 소비할 수 있는 Power를 계산할 수 있는 근거가 되고 또한 Junction 온도(T_j)를 계산할 수 있는 근거가 된다. 즉 열 저항을 Management한다는 것은 결국 Power를 Management 하겠다는 것이고, 또한 Junction온도를 Management 하겠다는 것과 같다. 주어진 열 저항 값에서 소비할 수 있는 Power의 값과 Junction의 온도를 예측해 보도록 하겠다.

(1) Power Dissipation

열 저항의 정의는 Power를 기준으로 다음과 같이 표현할 수 있다.

$$P = \frac{T_j - T_x}{R_{jx}}$$

위의 식에서 Power를 높게 쓸 수 있는 방법은 두 가지이다. 첫째는 (T_j - T_x)를 높게 쓰는 것이고 둘째는 R_{jx}를 낮은 값을 쓰는 것이다. R_{jx}를 낮추는 방법은 패키지 업체에서 할 수 있는 일로 열전도도가 뛰어난 재료를 사용하여, 열 방출에 효과적인 구조로 설계하면 같은 정격의 Device를 사용한다 할지라도 보다 낮은 열저항 값을 가지는 패키지를 개발할 수 있다. 이는 주로 패키지 개발 engineer들이 수행하는 일이다. (T_j - T_x)를 가장 높게 쓰는 방법은 $T_{jmas} - T_{xmin}$값을 사용하면 된다. 이는 주로 System Engineer 들이 하는 일이다. 열 저항 값이 주어지면 어떻게 소비될 Power를 계산하는지 살펴보자.

열 저항 값이 주어졌다면 Power를 결정하는 변수는 T_j와 T_x 값이다. 이때 Power를 max로 쓰는 방법은 위에서 기술한 것처럼 T_j를 maximum으로 T_x를 minimum으로 구현하면 된다. 여기서 T_j의 max는 보통 Device를 둘러싸고 있는 봉지재, 즉 EMC (Epoxy Mold Compound)에 의해 결정된다. 이는 고분자 플라스틱 화합물인 EMC가 물성의 변화 없이 견딜 수 있는 온도의 최고치로 150℃ 정도로 보고 있다. 물론 최근 lead free에 대응하는 EMC 제품이 나오면서 이 보다 더 높은 온도를 견디는 제품도 나오고 있지만 현재는 150℃정도를 max로 보고 있다. T_x의 minimum 값은 상온이다. 어떤 제품에 Power를 인가하여 동작시켰는데, 동작 후에도 이 제품의 온도가 상온이라면 Power 인가 전후의 온도의 변화가 없는 것이다. 즉 상온이라고 하면 특별한 방열 장치 (cooling water, heat pipe, etc) 등이 없다면 무한 방열판의 개념이라고 할 수 있다. 제품이 동작할 때 발생한 열을 무한히 흡수하여 결국 상온으로 맞춘다는 개념이므로 거의 이상적인 수준이라고 할 수 있겠다. T_j의 max 값과 T_x의 min 값을 결정하였다면 그래프를 그릴 수 있다.

그림 4.2.11에서 X축은 reference point, T_x의 온도이다. 대표적인 T_x는 T_a 또는

T_c 지점의 온도라 할 수 있다. Y축은 Power Dissipation을 나타낸다. 그림처럼 만약 T_x, 즉 T_a 또는 T_c 가 150℃가 된다면 Power 는 “0” watt 이다.

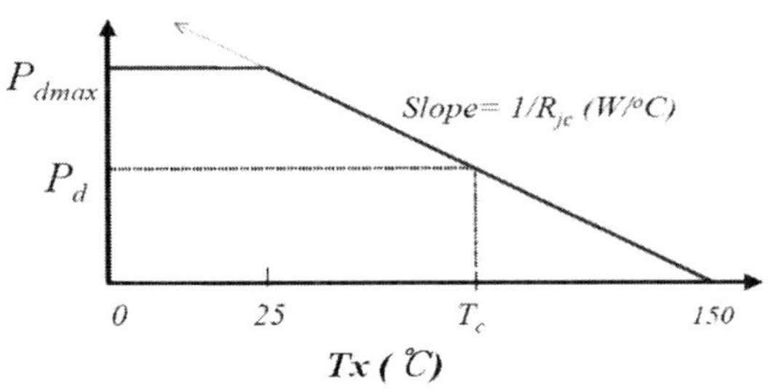

그림 4.2.11 Power Dissipation Curve

$P = \frac{T_{jmax} - T_x}{R_{jx}} = \frac{150℃ - 150℃}{R_{jx}}$ 이므로 “0”이 된다. 만약 Tx가 25℃ 라면, 위에서 언급했듯이 특별한 장치를 하지 않는 한 최상의 방열조건이므로 이때 비로써 Power는 그림 4.2.11처럼 max(P_{dmax}) 값을 나타낸다.

시스템 engineer는 시스템을 설계할 때, 시스템이 동작되는 환경 즉, 시스템의 온도를 선택하게 된다. 만약 시스템 engineer가 그림 4.2.11에서 와 같이 T_c 온도에서 자신의 시스템을 동작시키기로 결정하였다면 이때 사용할 수 있는 패키지의 Power는 P_{dmax} 값이 아닌 P_d 값이다.

(2) Junction 온도 예측

열 저항의 정의는 또한 다음과 같이 표현할 수도 있다.

$$T_j = p(W) \times R_{jx}(℃/w) + T_x(℃/w)$$

즉, 인가된 Power를 알고 주어진 패키지의 열 저항 값을 알고 있다면 reference

point (T_x)의 온도에 따라 Junction의 온도(T_j)를 예측할 수 있다.

예를 들어 임의의 패키지가 R_{jc} = 3.0℃/W, R_{cf} = 0.06℃/W, R_{fa} = 5.0℃/W를 가지고 있고 이때 소비된 Power는 5W, T_a =60℃ 라면 Junction 온도 (T_j)는 얼마인가 계산을 해보자.

$$T_j - T_c = P \times R_{jc} = 5\,W \times 0.3℃/W = 15.0℃$$

$$\text{그러므로}\ \ T_j = 15.0℃ + T_c$$

$$T_c - T_a = P \times R_{ca} = P \times (R_{cf} + R_{fa}) = 5\,W \times (0.06 + 5.0)℃/W$$

$$T_c - T_a = 25.3℃$$

$$T_c = 25.3℃ + T_a = 25.3℃ + 60℃ = 85.3℃$$

$$\text{그러므로}\ \ T_j = 15 + T_c = 15℃ + 85.3℃ = 100.3℃$$

Junction 온도는 100.3℃ 이다.

결국 그림 4.2.8의 열 저항의 개념에서 밝힌 것처럼, Power와 열 저항, 그리고 Junction 온도(T_j)는 서로가 연관이 있는 것으로 어느 두 가지를 알면 나머지 한 가지를 계산할 수 있는 것이다.

3. 패키지에서의 열전달

반도체나 LED 패키지의 Device에서 발생한 열은 Device를 둘러싸고 있는 환경 요인 (패키지 재료의 성분, 패키지의 구조, 패키지 내 각 재료의 접착 상태, 패키지가 어떻게 외부 열 방출 환경에 노출되어 있는지, 등등)에 영향을 받아 열을 방출하게 된다. 일반 반도체의 경우 그림 4.2.12와 같은 열전달 경로를 통해 Junction에서 발생한 열이 외부로 방출된다.

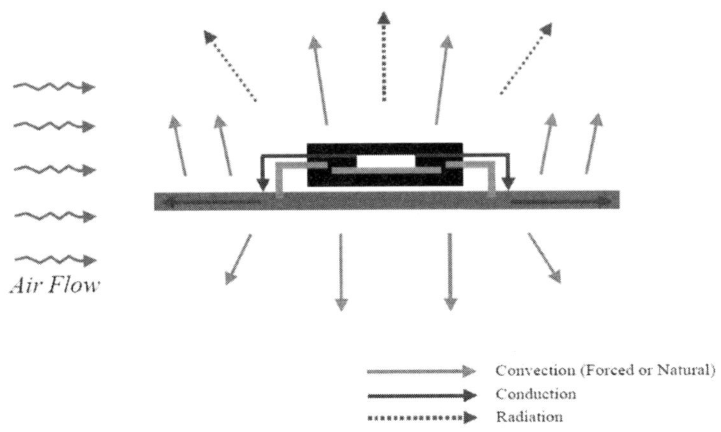

그림 4.2.12 반도체 패키지의 열전달 경로

LED의 경우는 주 방열 경로가 Device의 bottom 부분이기 때문에 그림 4.2.13과 같은 열전달 경로를 통해 열이 방출될 것이다.

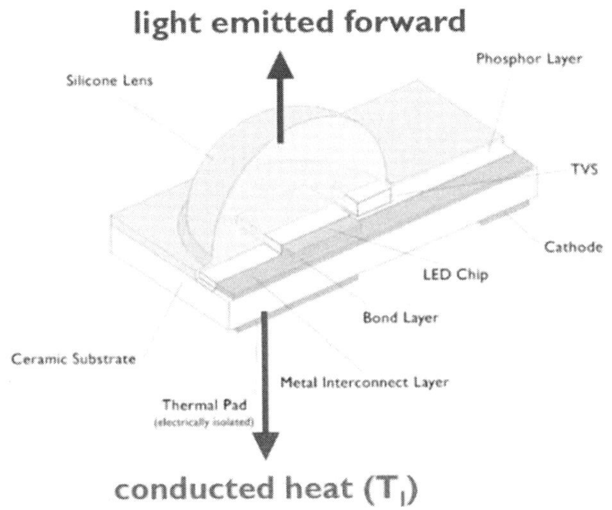

그림 4.2.13 LED 패키지의 열전달 경로 (출처 : LUXEON Rebel LED)

Device Junction에서 발생한 열이 외부로 빠져 나가는 경로로는 Conduction, Convection, Radiation의 3가지 형태가 존재한다. 이 중에서 반도체 패키지나 LED 패키지의 주 열 방출 경로는 conduction mode이다. 물론 이와 같은 열전달의 경로는 패키지의 형태와 외부 방열 환경 (External Heat sink, Heat Pipe, Fan, etc)에 따라 달라질 수 있다. Conduction mode에서 가장 큰 영향을 미치는 요소인 패키지 재료의 열전도도 (Thermal Conductivity)와 Device, Adhesive, Lead frame, PCB 등의 방열 면적, 두께 등으로 인해 열 항 값이 크게 영향을 받을 수 있다. 또한, 외부 방열 환경으로 Heat sink의 접착 방법 및 상태, Heat sink의 크기 또는 Fan의 용량 등에도 크게 영향을 받는다.

패키지 측면에서 본다면 Conduction mode로 방출되는 열이 가장 크므로, Conduction mode의 열전달에서 열 저항 값을 줄일 수 있는 인자를 찾을 수 있다.

Conduction mode의 열 저항 R 은, $R = \frac{L}{kA}$ 이다.

여기서 L은 두께, A는 면적, 그리고 k(W/m•K)는 열전도도이다. 그러므로 열 저항 R을 줄이려면 분자인 두께 L을 줄이고, 분모인 면적 A를 늘리고, 열전도도 k가 우수한 재료를 사용하면 된다.

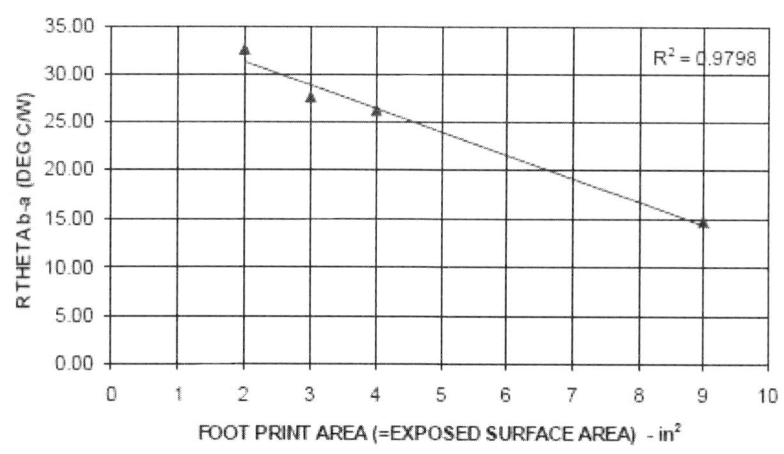

그림 4.2.14 Rba vs. Foot Print Area(출처 : Lumilieds)

그림 4.2.14 는 LED 제품의 Foot Print Area 에 대한 열 저항의 변화를 보여주는 그래프이다. 면적이 증가하면서 Rba(Board-to-Ambient Thermal Resistance)값이 감소하는 것을 볼 수 있다.

환경적인 측면에서 열 저항에 영향을 미치는 요소들은 너무 다양하다. 환경적인 측면이라 함은 반도체 및 LED 단품이 적용되는 수많은 Application이라고 생각할 수 있다. 그러나 비용적인 측면을 고려한다면 가장 대표적으로 사용되는 방열의 기술은 Fan 과 Heat sink라 할 수 있겠다. 물론 Fan의 성능, Fan 속도, Heat sink design, 재질, 접착 방법 등에 따라 열 저항 값의 많은 차이가 있을 수 있다.

그림 4.2.15는 Fan의 유, 무에 따른 열 저항 값의 변화를 보여준다.

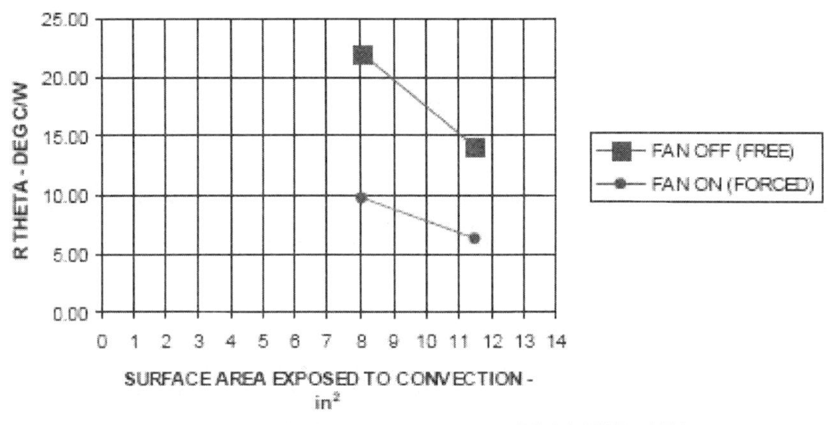

그림 4.2.15 Rba vs. Forced Convection (출처 : Lumileds)

정리하면 열 저항은 패키지의 재료, 디자인 등의 패키지 측면과 Fan, Heat sink, cooler 등의 외부 환경 등에 크게 영향을 받는다. 그러므로 열 저항을 측정할 때, 각 회사 패키지의 능력을 비교하고 열 저항 값의 신뢰성을 높이기 위해서는 외부 환경에 대한 영향력을 일정하게 유지시키는 것이 필요하다. 이를 위해 JEDEC (The Joint Electron Device Engineering Council) 이라는 국제 반도체 표준에서는 JES D 51 Committe에서 열 저항 측정 방법 및 환경 조건에 대한 규격을 정해 놓고 있다.

4. 열 저항 측정 방법

그림 4.2.8의 열 저항의 정의, $R_{jx}=\frac{T_j-T_x}{P}$ 에서 Power P는 Multimeter로 측정할 수 있고 reference point (T_x)의 온도는 thermocouple을 사용하여 측정할 수 있다. 문제는 Junction (T_j)의 온도인데 눈에 보이지 않는 Junction의 온도를 측정하는 것이 열 저항 측정의 가장 중요한 부분이라고 하겠다.

(1) Junction 온도 측정

Junction의 온도를 측정하는 방법에는 직접법과 간접법이 있다. 직접법이란 Junction의 온도를 직접 측정하는 방법이다. Junction의 온도를 직접 측정하기 위해서는 Junction을 눈으로 볼 수 있어야 하는데, 그러기 위해서는 Device를 둘러싸고 있는 EMC를 decap하는 과정이 필요하다. 이 decap의 과정은 적지 않은 시간이 필요하다. 또한 여러 가지 화학 약품을 사용하여야 하니 환경적으로도 좋은 것도 아니다. 만에 하나 여러 시간에 걸쳐 진행한 작업 중 잘못하여 Device에 damage를 주게 되면 다른 sample을 사용하여 처음부터 다시 decap작업을 해야 한다. 이렇게 decap의 과정을 거쳐 Device의 표면이 보이게 되면 이 표면을 thermocouple, IR, chemical tape 등 다양한 방법을 사용하여 Junction의 온도를 읽을 수 있다.

그러나 이러한 직접법은 측정한 Junction의 온도가 실재 Junction 온도인가에 대한 의문이 있을 수 있다. 다시 말해서 Device 위에 EMC가 쌓여 있는 것과 decap 후 공기로 쌓여 있는 것은 서로 열 방출의 비율이 다르다는 것이다. 즉 공기는 EMC에 비해 열전도도가 무척 낮아 Device의 위쪽 EMC로 10% 정도의 열이 방출되었다면 공기가 있는 경우는 그것보다 적은 양이 위쪽으로 방출되게 된다. 이 두 경우에 Junction 온도의 차이가 있기 때문이다. 이렇듯 직접법은 그 과정이 어렵고

시간이 오래 걸리는데 비해, 그 값에 대한 신뢰성에 의문이 있어 실재로 열 저항을 측정할 때는 잘 사용하지 않는다. 무엇보다도 LED의 경우에는 EMC를 통하여 빛을 투과하여 사용하기 때문에 이곳을 decap하게 되면 정상적인 광 특성을 보기 어렵고 인가된 Power에서 광(light)으로 소비되는 부분을 측정할 수 없게 된다.

이와 같은 이유 때문에 Junction의 온도를 측정하는 또 하나의 방법인 간접법을 주로 사용하고 있다. 간접법은 ETM법 (Electrical Test Method) 또는 TSP법 (Temperature Sensitive Parameter Method) 등으로 불린다. 이 방법은 온도를 직접 측정할 수 없기 때문에 온도에 민감하게 반응하는 파라미터를 이용하여 Junction의 온도를 대신하는 것이다. 이렇게 온도에 민감하게 반응하는 parameter로는 Electrical 저항, Forward Voltage drop 등이 있다. Electrical 저항은 온도에 Linearity하게 변하는 중요한 parameter 이지만, 반도체나 LED Device에 특별한 목적이 아니면 저항을 인위적으로 만들 수는 없기 때문에 Junction 온도를 측정하는데 사용할 수는 없다. 그러나 Forward Voltage (V_f)값은 Diode의 turn on Voltage로 반도체의 가장 기본적인 구조인 P-N 접합의 특성이므로, P-N 접합을 기본적으로 가지고 반도체 및 LED 모든 Device에 사용할 수 있는 Parameter이다.

이렇듯 온도에 민감하게 반응하는 Parameter를 Junction 온도로 이용하기 위해서는 온도와 Parameter 간의 관계를 구하는 과정이 필요한데 이 과정을 Calibration이라고 한다. 이 Calibration의 과정은 다음과 같다.

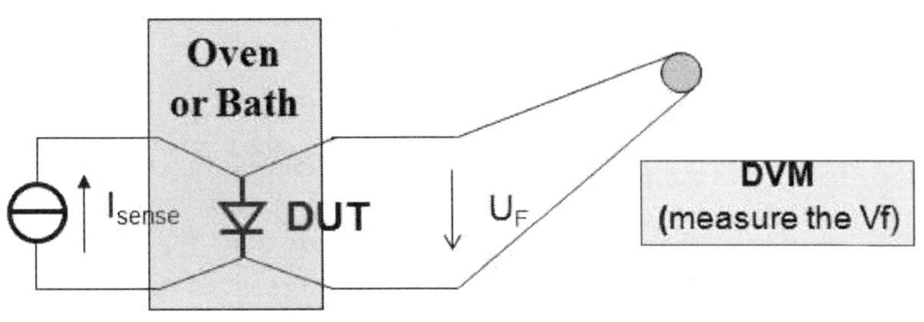

그림 4.2.16 Calibration 회로

먼저 그림 4.2.16과 같이 기본적인 P-N접합 (Diode)구조를 가지고 있는 반도체나 LED를 그림 4.2.17과 같은 oven이나 oil 등이 들어있는 bath 에 집어넣는다. 측정하려고 하는 sample이 이러한 상태에 있을 때를 DUT (Device Under Test)이라고 한다. 이때 oven이나 bath 안은 열적으로 평형 상태를 유지할 수 있도록 장치를 만든다. 반도체나 LED 가 power를 소비하는 동작을 하지 않는 이상 oven이나 bath 안은 열적으로 어느 곳이나 평형 상태가 되도록 만든다는 것이다. 이러한 열적 평형 상태 안에서는 oven이나 bath 안의 임의의 지점 어디나 온도가 동일하고 이때 임의의 지점의 온도를 thermocouple 등을 사용하여 측정한다면 Junction의 온도는 임의의 지점의 온도와 같다. thermocouple로 측정되는 온도와 Diode의 Forward Voltage(V_f)와의 관계를 측정하기 위해, oven이나 bath에 집어넣은 반도체나 LED의 Diode에 소량의 current(I_{sense})를 인가하여 Diode를 turn on시킨다. 이때 인가되는 소량의 current는 오로지 Diode를 turn on시켜주는 역할을 할 뿐 self heating을 일으키지는 않는 수준으로 정한다. 그 후 oven이나 bath 안의 온도를 원하는 T_1, T_2, $\cdots T_n$의 범위까지 변화시키면서 V_{f1}, V_{f2}, $\cdots V_{fn}$ 의 값을 측정한다. 이때 T_1, T_2, $\cdots T_n$ 등의 온도는 Thermocouple을 사용하여 측정한 oven 또는 bath 안의 임의의 지점의 온도이지만, 이 내부가 열적으로 평형 상태이기 때문에 또한 Junction의 온도이기도 하다. 이렇게 온도를 변화시킬 때 heater를 이용해 올리거나 cooler 혹은 fan을 이용해 식히면서, oven 이나 Bath 안이 원하는 온도로 열적인 평행 상태가 될 때까지 기다린다. 그림 4.2.17은 이런 열적 평형 상태를 구현한 Calibration 설비들이다. 열적 평형 상태가 된 후 V_f 값의 변화 V_{f1}, V_{f2},$\cdots V_{fn}$ 등을 측정한다.

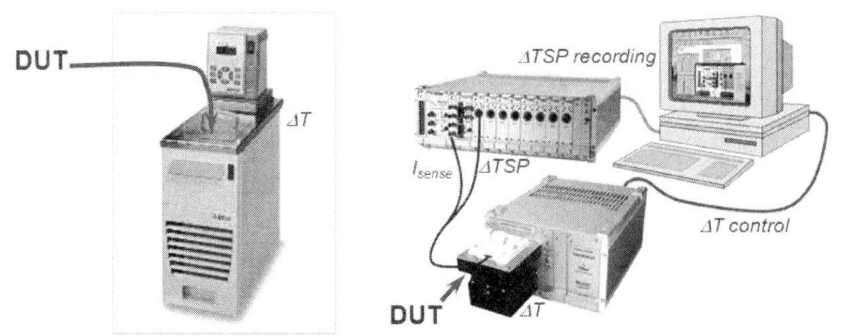

그림 4.2.17 Calibration 설비 (Bath and Oven)

이렇게 측정된 값은 열 저항을 측정할 때 사용한다. 즉 열 저항을 실재로 측정할 때 T_j는 온도로 표현되고 있지만 사실 V_f변화량을 측정한 것이고 다만 이를 미리 구한 온도와 V_f의 관계에 의해 온도로 치환되어 표현되는 것뿐이다.

Calibration을 통해 나온 값을 이용하는 방법은 열 저항을 측정하는 방법에 따라 두 가지로 구분할 수 있다. 하나는 Dynamic측정 방법에 사용되는 것이고 다른 하나는 Static측정 방법에 사용되는 것이다.

Dynamic방식으로 열 저항을 측정하기 위해 이용하는 Calibration의 방법은 그림 18과 같다. V_f 변화에 대한 온도의 변화는 그림 4.2.18에 표현된 것처럼 로 측정된다. 열 저항 R_{jx}를 측정 시에는

$$R_{jx} = \frac{T_j - T_x}{P} = \frac{(m \times V_f + T_0 - T_x)}{P}$$

로 나타낼 수 있다. DUT sample에 Power를 인가하면 인가된 Power를 소비하면서 열이 발생하고 Junction의 온도는 올라간다. 이때 Power값은 DVM을 이용하여 측정하고 Tx point는 thermocouple을 이용하여 측정하고 Junction의 온도는

Calibration을 통해 미리 구한 m(기울기)과 T_0(절편)을 이용하여 구하게 된다. 결국 Power 인가로 인해 열이 발생하게 발생된 열에 대해 변화되는 V_f를 측정, 이를 $T_j = m \times V_f + T_0$의 계산으로 Junction 온도 값으로 치환되어 표현된다. 이 모든 일이 한꺼번에 이루어지면 인가된 Power에 해당하는 열 저항 값이 하나 측정되게 된다.

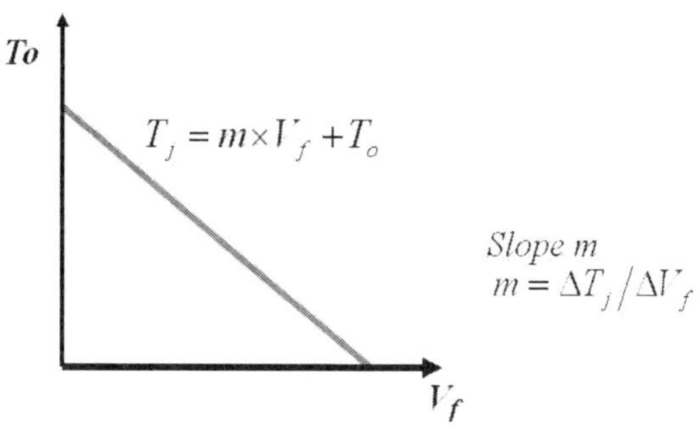

그림 4.2.18 Calibration 그래프 1 (Temperature vs Diode Voltage Characteristics)

Static방식으로 Calibration 결과를 이용하는 것은 온도 변화량 ($\triangle T_j$)에 대한 V_f 변화량($\triangle V_f$)을 이용하는 것이다. 온도 변화량($\triangle$Tj)에 대한 V_f의 변화량($\triangle V_f$)을 Sensitivity 라고 하고 이 때 기울기를 보통 K 로 표현한다. 즉 Sensitivity K 는 $K = \frac{\triangle V_f}{\triangle T_j}$이다. 그림 4.1.19는 Static방식에 사용되는 Calibration방법이다.

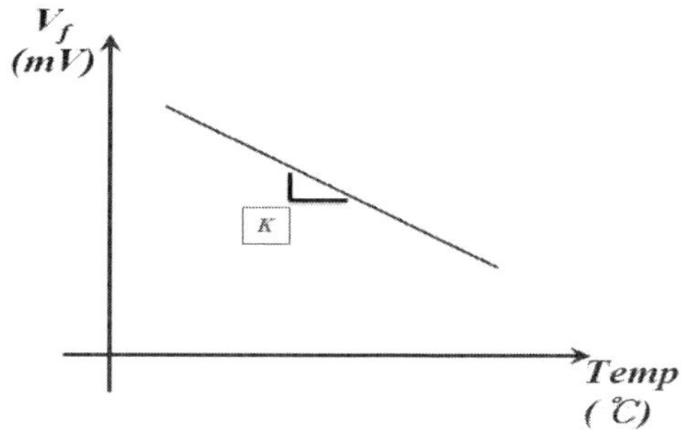

그림 4.2.19 Calibration 그래프 2 (Diode Voltage vs Temperature Characteristics)

그림 4.2.8의 열 저항의 정의를 reference point의 온도를 열 저항 측정 실험 내 내 일정하게 유지시켜줄 수 있다면 다음과 같이 변환시킬 수 있다.

$$R_{jx} = \frac{T_j - T_x}{P} = \frac{T_{j_{final}} - T_{j_{initail}}}{P} = \frac{\triangle T_j}{P}$$

$\triangle T_j$를 K 값으로 치환하면

$$R_{jx} = \frac{\triangle T_j}{P} = \frac{\frac{\triangle V_x}{K}}{P} = z$$

Calibration을 통해 기울기 K 값을 알고 있다면 Power는 Multimeter로 측정할 수 있고 $\triangle V_f$는 Diode 양단간의 Voltage를 DVM 등을 이용하여 측정할 수 있다. Diode의 Voltage 값은 온도 상승 전과 온도 상승 후에 변화하게 되며 이때의 변화량이 $\triangle V_f$값이다. 그러면 R_{jx}의 열 저항 값을 측정할 수 있다.

기본적으로 LED 제품도 Diode이기 때문에 위 두 가지 Calibration 방법을 통해 Junction의 온도를 측정할 수 있다.

(2) Thermal States

패키지의 형태에 따라 틀려지겠지만, 열 저항을 측정하는 환경에 따라 R_{ja} (Junction-Ambient thermal resistance)는 수천초 정도면 측정을 완료할 수 있다. 즉 수천초 정도의 시간이면 추가적인 Power의 변동이 없다면 방열 환경으로 열이 모두 빠져나가 정상상태에 도달할 수 있다는 말이다. 반면에 R_{jc} (Junction-to-Case thermal resistance)의 값은 빠르면 수초 정도 아무리 늦어도 수십 초 정도면 모두 측정할 수 있다. 이렇게 Power가 인가되기 전에 안정적인 정상 상태에서 Power가 인가

되고 인가된 Power가 소비되면서 열이 발생하여, 방열 환경을 통해 열이 빠져 나가면서 또 다른 정상 상태에 도달하기 까지는 수초에서 수천초 정도의 시간이 필요하다. 열은 이렇게 초기, 또는 마지막 정상 상태 즉, 열적으로 평행한 상태에 도달하는 Steady-State상태가 있고 Steady-State상태에서 또 다른 Steady-State상태에 도달할 때까지의 과정인 Transient-State상태가 있다. Steady- State상태에서 열 저항은 안정적인 값이지만 Transient-State상태에서 열 저항 값은 변화를 하게 된다. 그림 20은 Power인가되기 전 초기 정상 상태에서 Power인가 후 Transient상태를 거쳐 마지막 안정적인 정상상태에 이른 온도의 변화 상태를 시간에 따라보여 준다.

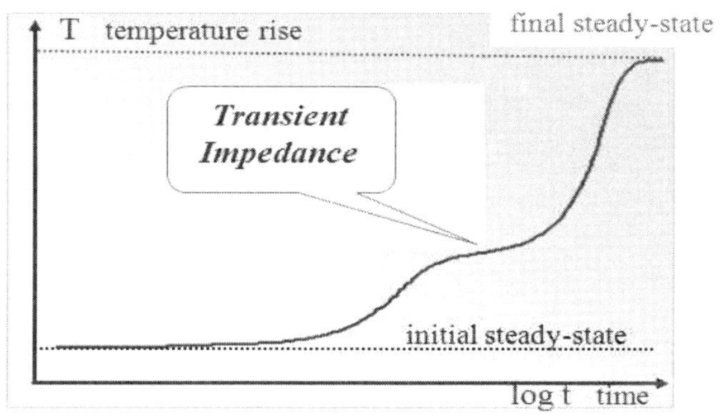

그림 4.2.20 Thermal States

Transient-States는 Thermal Impedance, Heating Curve, Step Response Function 등으로 불리기도 한다. 열 저항을 측정하는 방법으로는 Steady-state만을 볼 수 있는 Dynamic 방법과 Transient-state를 함께 볼 수 있는 Static방식이 있다.

(3) Dynamic test method

열 저항을 측정하는 방법 중 Dynamic방식은 인가 Power를 on/off 시키면서 power의 off 시간 동안 Junction의 온도를 (실제로는 V_f) 측정하는 것이다.

그림 4.2.21은 LED 패키지의 Dynamic 측정 방법을 구현하는 기본적인 측정 회로이다. DUT 상태인 Diode에 Heating Current를 인가하면 Device Junction의 온도가 상승한다. 일정 시간에 후에 Test Circuit의 스위치를 Sensing 단으로 옮긴다. 이때 Sense Current가 DUT 상태의 Diode에 인가되고, Diode 양단의 V_f값을 측정하게 된다. Electronic Switching을 통해 Heating Current를 주기적으로 인가하고 또한 Hearing Current가 off 일 때는 Sensing Current가 인가되어 Diode 양단의 V_f 값을 주기적으로 측정하게 된다. 인가된 Power값을 Multimeter를 사용하여 측정하고 T_x point의 온도는 thermocouple을 사용하여 측정한다.

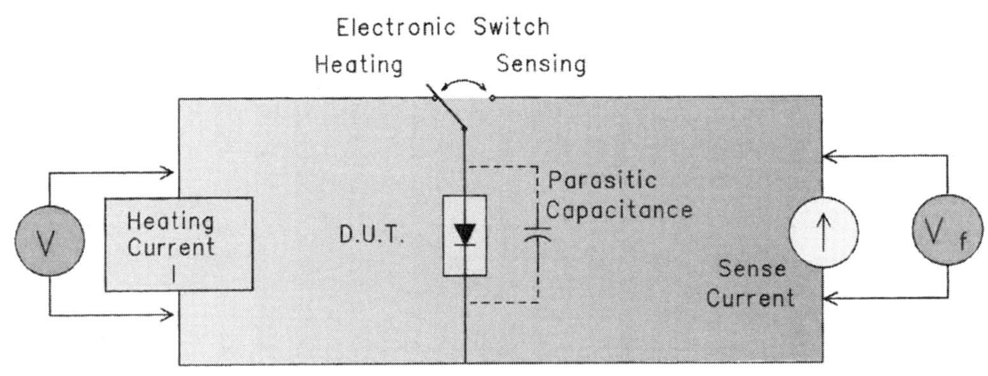

그림 4.2.21 Dynamic Test Method Circuit

이 과정을 열 저항 값이 Steady-state상태에 이를 때까지 반복하면 측정하려고 하는 반도체나 LED 패키지의 열 저항 값을 구할 수 있다.

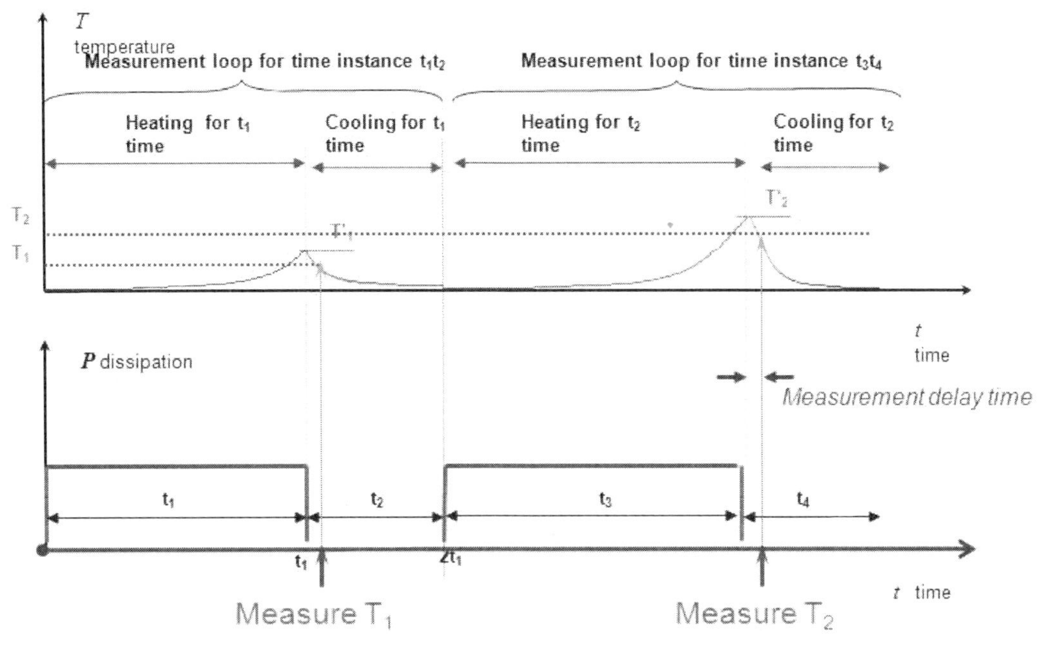

그림 4.2.22 Dynamic test procedure

그림 4.2.22는 Dynamic test의 초기 과정을 입력 Power vs Junction 온도로 나타낸 것이다. 이 과정을 보면 t_1, t_3 시간 동안 Device가 heating이 되고, t_2, t_4 시간 동안은 Device가 Cooling이 된다. t_1 시간 동안 Diode에 Power가 인가되면 Device의 온도는 T'_1까지 상승할 것이다. 이때 온도를 측정하기 위해 Power를 off 시키고 sense current를 인가하여 V_f를 읽는다. 이 V_f값을 미리 진행한 Calibration 과정에서 얻은 V_f와 온도의 관계식에 대입하면 Junction의 온도 T_1 값을 얻게 된다. Power를 off하고 sense 흘려 V_f를 읽을 때까지 time delay가 존재하고 이 time delay로 인해 실재 Junction의 온도인 T'_1 값보다 조금 낮은 T_1 값을 읽게 된다.

V_f값을 측정하여 하나의 열 저항 값을 측정하였으면 다시 power를 인가 (on)하여 Device의 온도를 올려 준다. 이때 두 번째 Power에서 상승하는 온도 T'_2 는 T'_1보다 높다. 이와 같은 과정을 Device의 온도가 그림 4.2.23과 같이 Steady-state상태

에 도달하게 될 때까지 반복하고, Device의 온도가 Steady-state상태에 이른 후 열 저항 값을 얻으면, 측정하려고 하는 반도체나 LED의 열 저항 값이다.

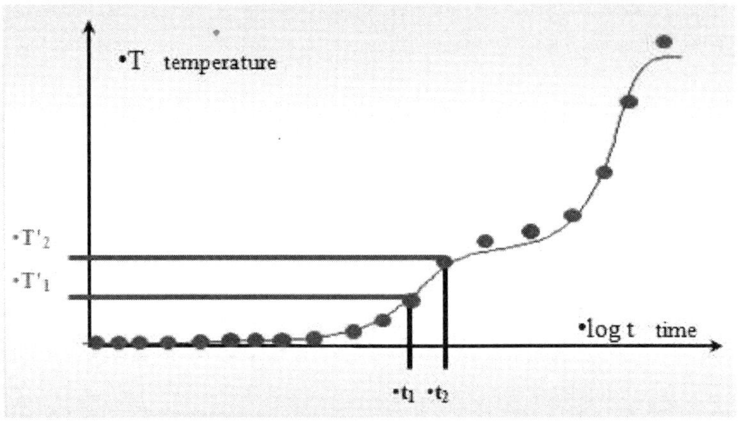

그림 4.2.23 Dynamic test results

(4) Static test method

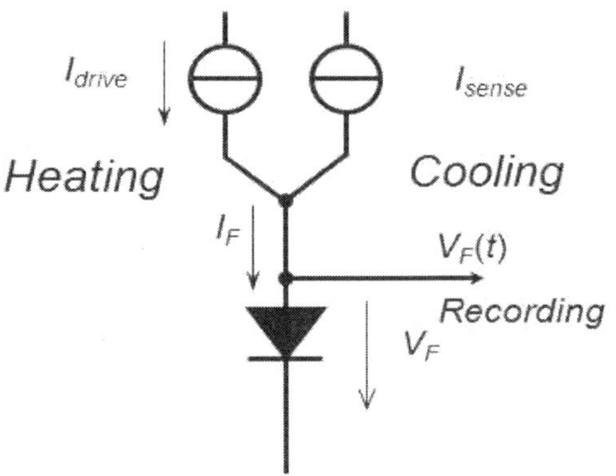

그림 4.2.24 Static Test Method Circuit

Static Test mode는 기본적으로 Power의 on/off를 반복하지 않는다. 일정 시간동안 Power를 on시켜서 Device Junction의 온도를 충분히 올려준다. 그림 4.2.24는 LED 패키지의 Static 측정 방법을 구현한 기본 회로이다.

그림 4.2.24에서 I_{drive}는 Device를 동작시켜 Junction 의 온도를 올리는 current이다. I_{drive}의 크기는 LED Device의 정격에 따라 결정이 된다. 일정시간 동안 I_{drive}를 Diode에 인가하여 충분히 Device의 온도가 상승하도록 한다. Device의 온도가 충분히 상승하였을 경우, Circuit의 회로를 I_{sense} current로 옮긴다. 그러면 상승한 Device Junction의 온도가 시간에 따라 차차 냉각(Cooling)이 되기 시작한다. I_{sense} current로 인하여는 Device의 온도가 상승하는 것이 아니다. 단지 I_{sense} current는 LED Diode를 turn on시켜 V_f를 읽기 위한 것이다. 이때 인가한 Power를 알 수 있고, 초기 값 대비 I_{sense} current를 인가하여 측정한 V_f 값의 변화량, 즉 $\triangle V_f$ 값을 측정할 수 있게 된다. 이 $\triangle V_f$ 값을 열 저항을 측정하기 전에 미리 시행한 Calibration을 통해 얻어진 $K=\dfrac{\triangle V_f}{\triangle T_j}$ 값을 사용하여 열 저항 값을 얻을 수 있다. 물론 앞에서 언급했던 것처럼 Static Mode의 측정이 가능하려면 reference point의 온도 $T_x\,(T_a \text{ or } T_c)$를 일정하게 유지 시켜 주어야 한다.

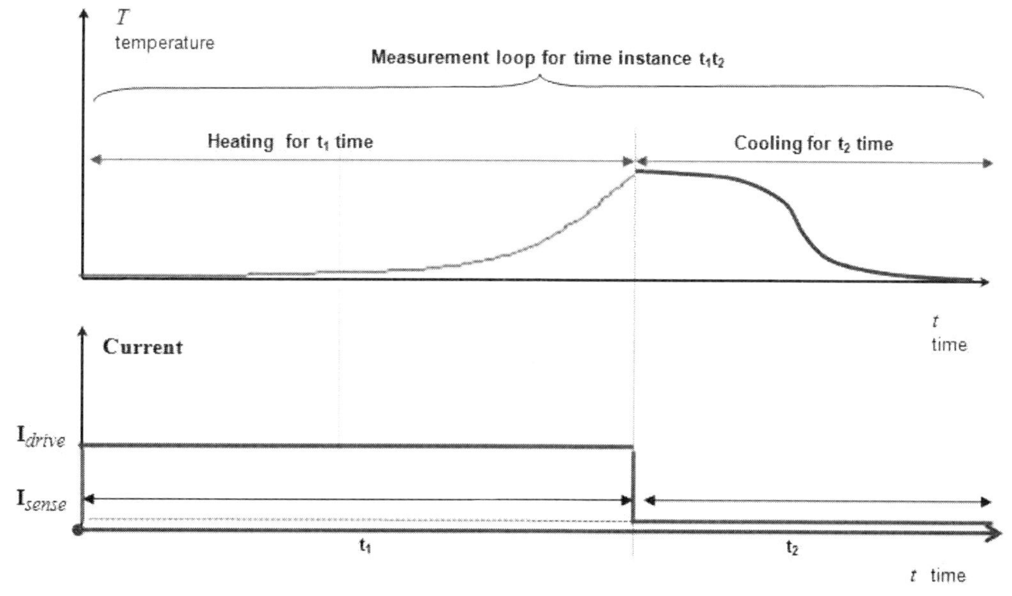

그림 4.2.25 Static Test Procedure

그림 4.2.25는 Static test의 과정을 입력 Power vs Junction 온도로 나타낸 것이다. t_1의 충분한 시간동안 DUT에 Power (I_{drive})를 인가하면 Junction의 온도가 상승하게 된다. 충분히 Junction의 온도가 상승한 후에 Power (I_{drive})를 off 시키면 Junction 온도는 냉각(Cooling)을 하기 시작한다. Cooling을 시작하는 시간 1usec부터 Sense Current (I_{sense})를 인가하여 Junction 온도가 Cooling 되는 것을 주어진 시간 t_2 동안 실시간으로 측정한다.

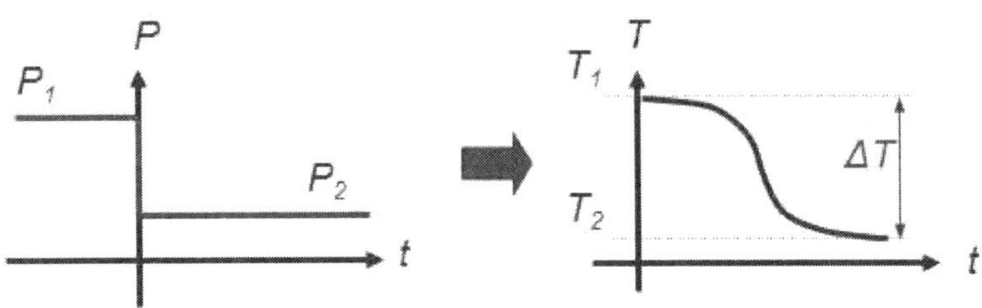

그림 4.2.26 Static Test Concept

그림 4.2.26은 이러한 Static Test 간단하게 정리한 것이다. 초기 I_{sense} Current Level (I_{sense})에서 I_{drive} Current Level(I_{drive})로 Power의 변화량이 있고, Power의 인가에 따른 Junction 온도의 변화량이 생기게 된다. reference point의 온도 $Tx\,(Ta\,\text{or}\,Tc)$를 constant 하게 유지하고 있다면 열 저항은, $R_{jx}=\dfrac{\Delta T_j}{\Delta P}$ 으로 나타낼 수 있다.

여기서 Calibration 과정을 통해 미리 구한, $K=\dfrac{\Delta V_f}{\Delta T_j}$ 을 사용하면 결국 열 저항은 $R_{jx}=\dfrac{\Delta T_j}{\Delta P}=\dfrac{\Delta V_f}{K\times\Delta P}$ 로 측정할 수 있다.

reference point의 온도 $Tx\,(Ta\,\text{or}\,Tc)$를 일정하게 유지할 수 있다면 static test mode 가 성립한다는 것을 아래의 예로 정리해 보자.

그림 8의 열 저항의 정의를 Junction 온도 (T_j)의 식으로 표현하면 $T_j = P \times R_{jx} + T_x$ 이다.

Power를 Low Power에서 High Power로 변화를 주면, 이때 Junction의 온도도 Power에 따라 변화하게 된다.

즉, Low Power 에서는

$$Tj_{low} = P_{low} \times Rjx + Tx_{low} \tag{1}$$

High Power 에서는

$$Tj_{high} = P_{high} \times Rjx + Tx_{high} \tag{2}$$

이고, (2) 식에서 (1) 식을 빼면

$$Tj_{high} - Tj_{low} = (P_{high} - P_{low}) \times Rjx + Tx_{high} - Tx_{low} \tag{3}$$

여기서 reference point 인 T_x를 constant 하게 유지시킨 다면 $Tx_{high} - Tx_{low}$ 는 "0"다.

결국 식 (3)은

$$Tj_{high} - Tj_{low} = (P_{high} - P_{low}) \times R_{jx}$$

$$\triangle T_j = \triangle P \times R_{jx}$$

$$R_{jx} = \frac{\triangle T_j}{\triangle P}$$

로 Static Test Method의 식과 같다.

Static Test Mode는 실시간으로 Junction의 온도를 측정함으로 재료의 성질이 온도의 상승이나 하강에 표현된다. 즉 각 재료마다 열을 받아들였다 내보내는 열용량이 서로 틀리므로 이 성질을 이용하면 Junction에서 외부로의 heat path에 존재하는 재료를 유추할 수 있다.

LED의 경우, 인가된 Power가 열과 광으로 소비됨으로 광으로 소비되는 부분을 분리하여야 정확한 열 저항을 측정할 수 있다고 하였다. 그러므로 LED의 열 저항을 측정할 때 Static Test Mode를 사용한다면 보다 용이하게 평가할 수 있다. 충분히 Junction의 온도를 상승시키기 위해 Power를 인가하는 동안, 광으로 소비되는 Popt의 양을 측정하고, Junction의 온도를 냉각(Cooling) 시키면서 열 저항을 측정한 후, 이 때 Electrical Power에서 Popt를 빼고 사용한다면 LED의 정확한 열 저항을 평가할 수 있다.

5. 열 저항 측정 환경

앞장에서 언급했지만 열 저항 값에 영향을 줄 수 있는 요인은 패키지 영역과 열 저항을 측정하는 환경의 영역으로 나누어 생각해 볼 수 있다. 특히 열 저항을 측정하는 환경은 어떻게 구축하였느냐에 따라 전체 열 저항 값에 크게 영향을 주는 것이기 때문에, 열 저항 값을 발표하거나 혹은 열 저항 값을 알려고 할 때에는 측정 환경에 대한 정보가 꼭 있어야 한다.

패키지 업체별로 서로가 다른 열 저항 측정 환경을 구축한 후 패키지에 대한 열 저항 측정을 실시한다면 열 저항 값에 대한 신뢰를 할 수 없다. 또한 실재 Application에 맞는 환경을 구축하여 열 저항을 평가하는 일도 쉬운 일은 아니다. 수많은 Application 환경을 다 구축할 수는 없는 일이기 때문이다. 무엇보다도 동일 제품임에도 서로 다른 Application에 적용된다면 열 저항 값이 서로 다른 값이 나올 수도 있어 어느 값을 사용해야 할지 난관에 봉착할 수도 있다. 이러한 문제들 때문에 JEDEC에서는 열 저항 측정 환경에 대한 규격을 마련하여, 열 저항 값에 기본 신뢰성을 부여하고 있다. 즉 JEDEC이 추천하는 환경 자체가 가장 기본적인 Application이고 서로 다른 업체,

서로 다른 패키지 간에 우열을 판단할 수 있는 근간이 될 수 있다.

이러한 측정 환경에 대한 규격은 크게 패키지가 탑재되는 PCB(Printed Circuit Board)와 Air condition으로 나눌 수 있다.

(1) Air Condition

Air condition은 크게 두 가지로 구분할 수 있는데, 하나는 Still Air condition (그림 4.2.27 a)으로 Natural Convection 상태를 구현한 것이고 다른 하나는 Moving Air condition(그림 4.2.27 b)으로 Forced Convection 상태를 구현한 것이다. 그림 4.2.27은 Air condition에 대한 설비들이다.

a. Still Air Chamber

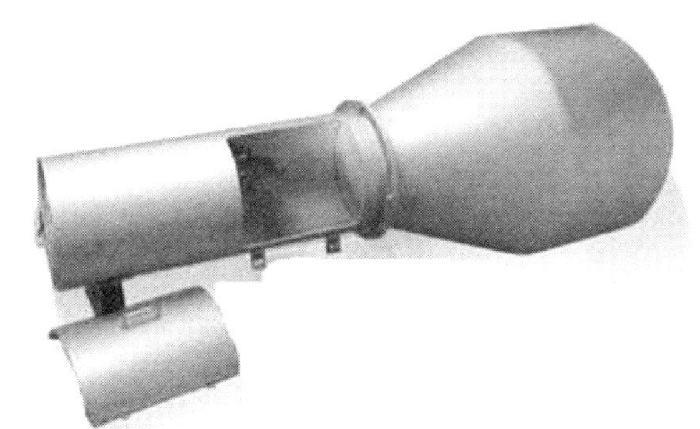

b. Wind Tunnel

그림 4.2.27 Air Condition Standard

그림 4.2.27의 a는 Still Air Chamber로 자연대류 상태를 구현한 것으로, 측정하고자 하는 패키지를 a 그림처럼 PCB에 장착하여 지정된 위치에 패키지가 있을 수 있도록 구현한 설비이다. 앞에서 사용하여 왔던 R_{ja} (Junction-to-Ambient)의 값은 주로 Still Air Chamber 안에서 측정된 값이다.

그림 4.2.27 b는 Wind Tunnel로 Still Air Chamber Size크기의 공간에 일정한 바람을 불어 주는 설비이다. PCB에 탑재된 패키지는 b의 그림에서 열려 있는 공간에 놓여지고, 덮개를 덮은 후 이 공간으로 일정한 바람을 강제로 공급하게 된다. 즉 Fan의 air속도에 맞는 측정 환경이라 할 수 있다. R_{ja} 값에 air 속도별 변화를 보고 싶다면 이 설비에서 측정할 수 있다.

(2) PCB

PCB (Printed Circuit Board)는 그 종류를 다 헤아릴 수 없을 정도로 다양한 종류가 존재한다. PCB 상에 놓여 진 패키지의 열 저항을 감소시키려면 PCB의 면적을 키우든지, PCB 상에 Copper의 면적을 키우든지, 아니면 Copper를 PCB 안에 적층시키든지, 아니면 via를 뚫어 열 방출 경로로 사용한다든지 다양한 방법을 사용할 수 있다. 그렇기 때문에 PCB에 대한 규격은 어느 규격보다 엄격하게 JEDEC에서 규정하고 있다.

가장 기본적인 PCB의 규격은 Low Effective Thermal Test Board와 High Effective Thermal Test Board이다. 또한 각종 PKG 형태에 맞추어 Test Board에 대한 규격을 추가하고 있다.

그림 4.2.28은 Low Effective Thermal Test Board의 디자인으로 측정하려는 PKG가 27mm보다 작으면 76.2 X 114.3 X 1.6mm PCB를 사용하고 27mm와 같거나 크면 101.6 X 114.3 X 1.6mm PCB를 사용한다.

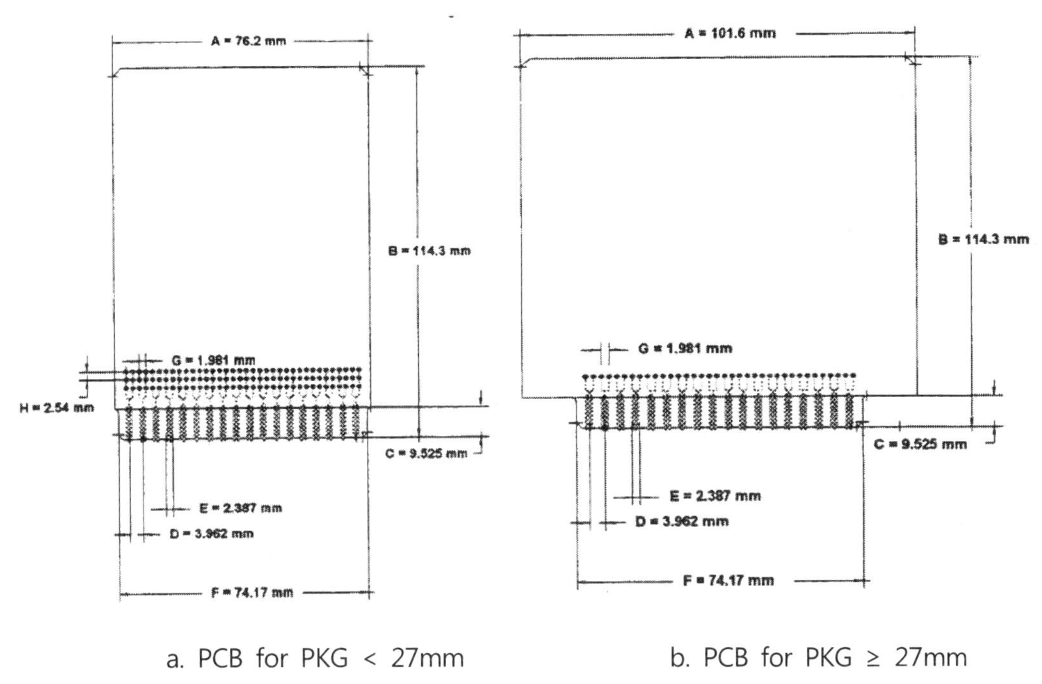

a. PCB for PKG < 27mm　　　　b. PCB for PKG ≥ 27mm

그림 4.2.28 Low Effective Thermal Test Board

High Effective Thermal Test Board의 size는 Low Effective Board와 그 용도가 동일하나, High Effective Board는 중간에 Copper layer를 삽입한다. 그림 4.2.29는 High Effective Board의 단면 구조이다.

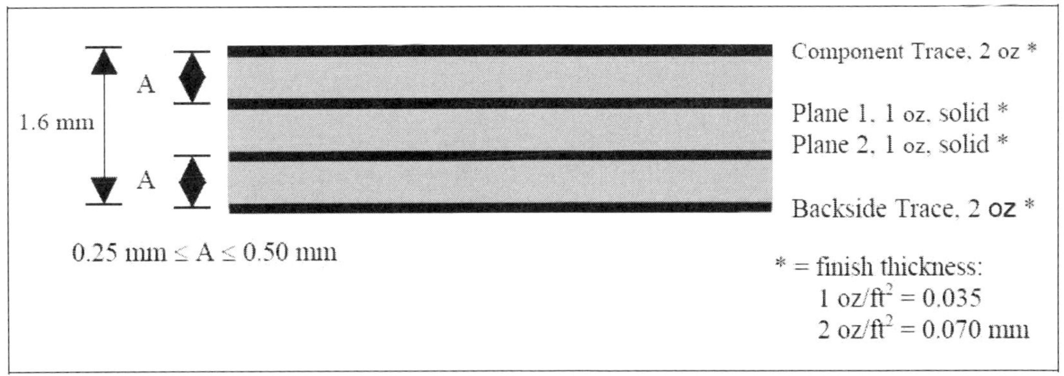

그림 4.2.29 High Effective Thermal Test Board 구조

즉, High Effective Board는 중간에 1 oz 두께의 Copper를 2개 층 삽입한 것이다. Low Effective Board는 중간의 Copper 층이 없다.

제3절 결론

반도체의 열 저항을 측정하는 것은 보이지 않는 Junction의 온도를 측정하는 문제, 측정 환경을 일정하게 유지하는 문제, 반도체 Device 별 측정 회로 구성 문제 등 여러 가지 변수들이 존재하기 때문에 그리 쉬운 것은 아니다. 특히 LED의 경우, 광으로 소비되는 Power를 고려해야 하는 추가적인 문제가 있기 때문에 그 어려움이 더 크다. 그럼에도 불구하고 열 저항을 실측하는 일은 패키지를 개발하는 입장에서나, 그 패키지를 사용하는 입장에서 모두 중요한 일이기 때문에 하지 않을 수 없다. 물론 모든 경우를 측정할 수 없기 때문에 많은 경우 Thermal Simulation 작업을 하게 되겠지만, 이 Simulation 값에 대한 보증이 또한 열 저항을 측정하는 일이다.

정확한 열 저항 측정은 패키지 개선, 개발, 신뢰성, 불량 분석 등에 큰 도움을 주고 system design에 중요한 정보를 제공한다.

참고문헌

[1] 전자 통신 동향 분석 제24권 제6호 2009. 12.

[2] LED 에피 / 칩 기초 그린에너지 연구센터, 전자부품연구원, 2009.04.22

[3] LED패키지 방열 기술, 전자부품연구원 조현민

[4] (기획리포트) LED 기술로드맵, 전자부품연구원

[5] 고 휘도 LED 칩 개발 현황, 충북대학교 전자정보대학 이형규 교수

[6] LED 산업동향 및 주요이슈-전자정보센터(EIC), 최재호, 2007, 8월

[7] (유망전자기기 부품 현황분석) 광전부품 개황 및 백색 LED, 전자부품연구원, 2007, 8월

[8] IT기획시리즈-세계일류-LED 백라이트 최신기술개발 동향 (주간기술동향 통권 1283호), 정보 통신 연구진흥원. 2007. 2월

[9] (산업 경제 분석) 반도체 조명(LED)의 중요성과 육성전략, 주대영, 2006

저자소개

황 명 근
수석연구원

서울과학기술대학교 졸업(학사)
한양대학교 대학원 졸업(석사)
인하대학교 대학원 졸업(박사)
현재, 한국조명연구원 수석연구원, 부천LED조명RIS사업단장
차세대 LED조명기술인력양성센터장

■ 전문활동분야
한국조명전기설비학회 이사, 국제조명위원회 한국위원회(KCIE) 이사
대한전기학회 C분과 편수위원

■ 관심분야
신광원 및 PV응용분야, LED램프 최적설계/분석
광물성과 복사도 평가/분석, LED조명 인력양성 등

조 현 민
책임연구원

포항공과대학 재료금속공학과 졸업(학사)
포항공과대학 재료금속공학과 대학원 졸업(석사)
서울대학교 재료공학부 대학원 졸업(박사)
현재, 전자부품연구원 디스플레이부품소재연구센터 책임연구원

■ 관심분야
LED 방열 및 소재

노 재 엽
선임연구원

호서대학교 대학원 전기공학과 졸업(석사)
호서대학교 대학원 전기공학과 졸업(박사)
전기공사기사 I급 자격증 취득
신성대학 겸임교수
현재, 한국조명연구원 연구사업부 선임연구원/팀장

■ 관심분야

조명기기 옥내환경과 조명설계
CMH램프 성능평가 및 분석
LED 성능평가 및 분석
LED조명 인력양성 등

LED 패키지와 방열

지은이와 협의 인지 생략

인　　쇄 : 2010년 7월 05일
발　　행 : 2010년 7월 10일
공　　저 : 황명근 · 조현민 · 노재엽
발 행 처 : 도서출판 아진
135-010
서울시 강남구 논현동 148-19 한미빌딩 201호
TEL:02-737-0663 FAX:02-737-0664
Homepage:ajin.to
E-mail:kgb@ajin.to
발 행 인 : 김 근 배
등록번호 : 제300-1995-56호
ISBN : 978-89-5761-316-0 93560

가격 15,000원